走进大学
DISCOVER UNIVERSITY

什么是
航空航天？

WHAT
IS
AEROSPACE?

U0244453

万志强　杨　超　著

大连理工大学出版社
Dalian University of Technology Press

图书在版编目（CIP）数据

什么是航空航天？ / 万志强，杨超著． -- 大连 ：
大连理工大学出版社，2021.9(2024.6 重印)
ISBN 978-7-5685-3011-8

Ⅰ．①什… Ⅱ．①万… ②杨… Ⅲ．①航空学－普及
读物②航天学－普及读物 Ⅳ．①V2-49②V4-49

中国版本图书馆 CIP 数据核字(2021)第 074591 号

什么是航空航天？　SHENME SHI HANGKONG HANGTIAN?

策划编辑：苏克治
责任编辑：王晓历　孙兴乐
责任校对：白　露　贾如南
封面设计：奇景创意

出版发行：大连理工大学出版社
　　　　　（地址：大连市软件园路 80 号，邮编：116023）
电　　话：0411-84708842(发行)
　　　　　0411-84708943(邮购)　0411-84701466(传真)
邮　　箱：dutp@dutp.cn
网　　址：https://www.dutp.cn

印　　刷：辽宁新华印务有限公司
幅面尺寸：139mm×210mm
印　　张：5.5
字　　数：110 千字
版　　次：2021 年 9 月第 1 版
印　　次：2024 年 6 月第 4 次印刷
书　　号：ISBN 978-7-5685-3011-8
定　　价：39.80 元

本书如有印装质量问题，请与我社发行部联系更换。

出版者序

高考,一年一季,如期而至,举国关注,牵动万家!这里面有莘莘学子的努力拼搏,万千父母的望子成龙,授业恩师的佳音静候。怎么报考,如何选择大学和专业,是非常重要的事。如愿,学爱结合;或者,带着疑惑,步入大学继续寻找答案。

大学由不同的学科聚合组成,并根据各个学科研究方向的差异,汇聚不同专业的学界英才,具有教书育人、科学研究、服务社会、文化传承等职能。当然,这项探索科学、挑战未知、启迪智慧的事业也期盼无数青年人的加入,吸引着社会各界的关注。

在我国，高中毕业生大都通过高考、双向选择，进入大学的不同专业学习，在校园里开阔眼界，增长知识，提升能力，升华境界。而如何更好地了解大学，认识专业，明晰人生选择，是一个很现实的问题。

为此，我们在社会各界的大力支持下，延请一批由院士领衔、在知名大学工作多年的老师，与我们共同策划、组织编写了"走进大学"丛书。这些老师以科学的角度、专业的眼光、深入浅出的语言，系统化、全景式地阐释和解读了不同学科的学术内涵、专业特点，以及将来的发展方向和社会需求。希望能够以此帮助准备进入大学的同学，让他们满怀信心地再次起航，踏上新的、更高一级的求学之路。同时也为一向关心大学学科建设、关心高教事业发展的读者朋友搭建一个全面涉猎、深入了解的平台。

我们把"走进大学"丛书推荐给大家。

一是即将走进大学，但在专业选择上尚存困惑的高中生朋友。如何选择大学和专业从来都是热门话题，市场上、网络上的各种论述和信息，有些碎片化，有些鸡汤式，难免流于片面，甚至带有功利色彩，真正专业的介绍尚不多见。本丛书的作者来自高校一线，他们给出的专业画像具有权威性，可以更好地为大家服务。

二是已经进入大学学习，但对专业尚未形成系统认知的同学。大学的学习是从基础课开始，逐步转入专业基础课和专业课的。在此过程中，同学对所学专业将逐步加深认识，也可能会伴有一些疑惑甚至苦恼。目前很多大学开设了相关专业的导论课，一般需要一个学期完成，再加上面临的学业规划，例如考研、转专业、辅修某个专业等，都需要对相关专业既有宏观了解又有微观检视。本丛书便于系统地识读专业，有助于针对性更强地规划学习目标。

三是关心大学学科建设、专业发展的读者。他们也许是大学生朋友的亲朋好友，也许是由于某种原因错过心仪大学或者喜爱专业的中老年人。本丛书文风简朴，语言通俗，必将是大家系统了解大学各专业的一个好的选择。

坚持正确的出版导向，多出好的作品，尊重、引导和帮助读者是出版者义不容辞的责任。大连理工大学出版社在做好相关出版服务的基础上，努力拉近高校学者与

读者间的距离,尤其在服务一流大学建设的征程中,我们深刻地认识到,大学出版社一定要组织优秀的作者队伍,用心打造培根铸魂、启智增慧的精品出版物,倾尽心力,服务青年学子,服务社会。

"走进大学"丛书是一次大胆的尝试,也是一个有意义的起点。我们将不断努力,砥砺前行,为美好的明天真挚地付出。希望得到读者朋友的理解和支持。

谢谢大家!

苏克治

2021 年春于大连

前　言

　　航空航天飞行器是 20 世纪以来人类伟大的发明之一，经过近 120 年的发展，已经极大地改变了人类社会的政治、军事、经济和生活等方面的格局和进程，今后还将继续深刻影响和改变人类社会的发展，也在很大程度上决定着人类未来的生存。

　　因此，航空航天不同于其他行业，它必定是一个永不消逝的、至关重要的行业和领域。航空航天科学与技术是当今和未来高精尖科技皇冠上的一颗明珠，受到了世界各国的青睐和重视；航空航天技术的发展是不断积累的结果，是一个国家综合实力的主要标志。中华民族的伟大复兴离不开航空航天的高质量、高水平、高速度发展。

　　随着我国新时期航空强国、航天强国的伟大实践不断推进，著者认为非常有必要提供一本通俗易懂的航空航天科普书籍，便于读者迅速了解什么是航空航天，也为青少年今后

的择校、从业提供必要的参考。身处"两个一百年"伟大历史时期的学子们，肩负着未来建设空天强国的历史使命，也有必要在知识和意识上提前做好准备。

本书主要介绍航空航天的基本知识和基本原理，包括航空航天的分类、基本组成、飞行原理、推进系统、安全飞行、未来飞行以及航空航天学科专业等，并在各部分增加一些亮点小知识，生动有趣的拓展知识开阔了读者的视野，力图展现航空航天的基本特征、发展规律、未来趋势，方便读者揭秘航空航天，为进一步了解、理解、学习航空航天提供最基础的支持和帮助。

愿本书给读者们带来航空航天的飞行之美、飞行之趣、飞行之韵！

在编写本书的过程中，著者参阅了大量资料，限于篇幅，未将其来源一一列出，在此谨向相关作者表示诚挚的谢意。

本书涉及多个学科和众多应用领域，需要先"深入"才能做到"浅出"，因此编写难度相当大。尽管编写团队花费了大量心血，尽了最大努力，力求保证本书的质量，满足读者的需求，但限于著者的水平，书中难免存在不足之处，衷心希望广大读者和专家学者提出宝贵意见。

著　者

2021 年 9 月

目　录

亮点小知识

航空航天大家庭

> 地球是人类的摇篮,但是人类不能永远生活在摇篮里,他们不断地争取着生存世界和空间,起初小心翼翼地穿出大气层,然后就是征服整个太阳系。
>
> ——齐奥尔科夫斯基

本部分通过对飞行器的发展和分类的介绍,和读者一起重温伟大的航空航天壮举,了解飞行器的概况,为后面各章内容的介绍奠定基础。

▶▶人类的航空航天发明壮举

当我们仰望天空的时候,总会发现时不时有飞机掠过。或许不少人会问,这样一个庞然大物,其质量少则数百千克,多则几十吨、上百吨,怎么能够如此自如地在蓝天上飞翔呢?飞行究竟需要具备哪些条件呢?

其实，关于怎样才能像鸟儿一样在蓝天上翱翔，我们的先辈们探索了数千年，设想和尝试了许多种飞天方式，但基本都以失败告终。直到1903年12月17日，美国的莱特兄弟驾驶着他们设计和制造的"飞行者"1号（图1），进行了时间不到1分钟、距离只有约260米的人类历史上第一次持续而有控制的动力飞行之后，人类才真正从根本上解决了飞上蓝天的关键问题。此后，飞机越造越大、越飞越高、越飞越快、越飞越远，各方面的性能都有了翻天覆地的提高（图2～图5）。

图1　莱特兄弟制造的"飞行者"1号

图2　最大起飞质量约为640吨的安-225运输机
背负着"暴风雪"号航天飞机

图 3 最大起飞质量约为 575 吨、载客 500～800 人的 A-380 客机

图 4 设计飞行速度达 8 倍声速、设计飞行高度
达 80 千米的 X-34 试验机

图 5 不着陆、不加油连续飞行 67 小时环球一周的
"环球飞行者"号

实际上,无论是莱特兄弟设计的"飞行者"1 号,还是现代的先进客机、战斗机、运输机等,它们之所以能飞上蓝天,归纳起来是因为它们具备了飞行的三个最基本的要素:

具有能产生升力的机翼,用来平衡飞机的重力(图 6)。

航空航天大家庭

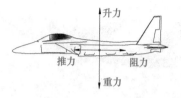

图 6　飞机在平飞时力的平衡关系

　　具有能提供拉力或推力的动力系统，用来平衡飞机的阻力。

　　具有能控制飞机姿态的操纵系统(图 7)，让飞机有可操纵性，实现其按照预定的轨迹飞行。

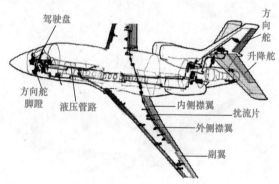

图 7　民航客机的操纵系统

　　此外，为了保证飞机能够可持续飞行，还要保证飞机在飞行时具有一定的稳定性，使得飞机在受到扰动偏离原平衡位置时，依然有恢复到原平衡位置的趋势。

　　而另一个方面，太空中的卫星、火箭和导弹等，又是怎么飞行的呢？为什么卫星能在太空中飞行好几年甚至更久，而飞机却飞不了那么长时间呢?

接下来,我们带着这些问题逐步给大家介绍。

➡️➡️伟大的航空飞行

人类的首次有动力飞行至今已经有100多年了。这100多年来,进行过数以万计的飞行。可以说飞行已经成为人类社会的一项不可或缺的活动。在这些飞行中,有一些是具有开拓性历史性意义的,其成功肯定了人类的努力,也极大地促进了科技的进一步发展。在众多的飞行中,航空史学家归纳了十次具有历史性意义的伟大飞行(图8),每一次伟大的飞行都具有一定的代表性,是航空发展的重要里程碑。

➡️➡️伟大的太空探索

人类真正意义上对太空的探索和利用,起源于液体火箭的发明。以液体推进剂为燃料的运载火箭是探索太空最重要的工具之一,人类对于太空的探索离不开运载火箭的发展。

19世纪末到20世纪初,涌现出许多富有探索精神的航天先驱者。有三位科学家的名字将被永远铭记,他们是:俄国的康斯坦丁·齐奥尔科夫斯基、美国的罗伯特·哈钦斯·戈达德和德国的赫尔曼·奥伯特。

俄国的齐奥尔科夫斯基首次阐述了利用多级火箭克服地球引力实现宇宙航行的构想,并提出了许多相关的理论,他的许多英明预见后来已经变成现实。

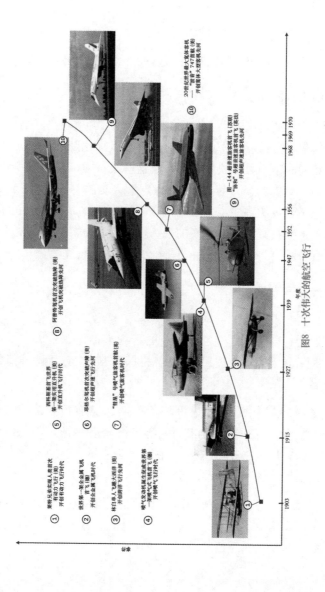

① 莱特兄弟实现人类首次
有动力飞行（美）
开创有动力飞行时代

② 世界第一架全金属飞机
首飞（德）
开创全金属飞机时代

③ 林白单人飞越大西洋（美）
开创跨洋飞行先河

④ 喷气发动机诞生促成世界第
一架喷气式飞机首飞（德）
开创喷气式飞机时代

⑤ 西科斯基首飞世界
第一架实用直升机（美）
开创直升机飞行时代

⑥ 耶格尔驾机首次突破声障（美）
开创超声速飞行先河

⑦ "彗星"号喷气客机载客航行（英）
开创喷气客机时代

⑧ 阿特拉斯机首次突破再入热障（美）
开创飞机突破热障先河

⑨ 图—144超音速旅客机首飞（苏联）
"协和"号超音速旅客机首飞（英法）
开创超声速旅客机先河

⑩ 20世纪世界最大客机
——"波音"747首航（美）
开创宽体大型客机先河

图8 十次伟大的航空飞行

1903 1915 1927 1939 1947 1952 1956 1968 1969 1970 年度

高度

6

美国的戈达德自 1920 年起潜心研究液体火箭,他是美国最早的火箭发动机专家,被公认为是液体火箭的创始人。1926 年 3 月 16 日戈达德发射了第一枚液体火箭,从此拉开了近现代人类探索太空的大幕。

德国的奥伯特提出了空间火箭点火的理论和脱离地球引力的方法,主持设计了火箭发动机,开创了欧洲火箭的先河。德国的冯·布劳恩领导研制成功了 V-2 火箭,虽然 V-2 火箭在战争中的角色极不光彩,但它在技术上却使人类的飞天梦向前迈进了一大步,成为现代大型火箭的鼻祖,构筑了航天史上的重要里程碑。

第二次世界大战结束以后,苏联和美国都通过仿制 V-2 火箭建立了自己的火箭和导弹工业。一些有远见的政治家和科学家已经认识到,利用 V-2 火箭的技术成果,一方面可以发展洲际导弹,建立军事威慑力量;另一方面可以发射人造地球卫星,有效地开展空间科学研究。

液体火箭的出现开启了航天时代,其能力的不断提升勾勒出了航天的基本发展脉络(图 9)。

▶▶**航空器大家庭**

航空是指在大气层内的人类航行活动,航天是指飞行器在大气层外空间(太空)的人类航行活动,又称空间飞行或宇宙航行。在大气层内、大气层外空间飞行的器械统称为飞行器。按照飞行器的飞行环境和工作方式的不同,可以把飞行

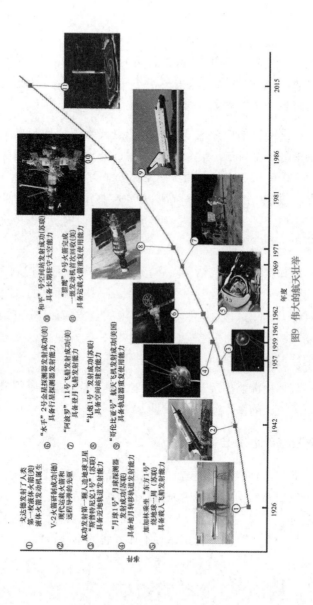

图9 伟大的航天壮举

① 戈达德发射了人类
    第一枚液体火箭(美)
    液体火箭为航天的诞生

② V-2火箭研制成功(德)
    现代运载火箭和
    远程导弹的先驱

③ 成功发射第一颗人造地球卫星
    "斯普特尼克1号"(苏联)
    具备近地轨道发射能力

④ "月球1号"月球探测器
    发射成功(苏联)
    具备地月转移轨道发射能力

⑤ 加加林乘坐"东方1号"
    绕地球一周
    具备载人飞船发射能力

⑥ "水手"2号金星探测器发射成功(美)
    具备行星探测器发射能力

⑦ "阿波罗"11号飞船发射成功(美)
    具备载月飞船发射能力

⑧ "礼炮1号"发射成功(苏联)
    具备空间站建设能力

⑨ "哥伦比亚号"航天飞机发射成功(美国)
    具备轨道器重复使用能力

⑩ "和平"号空间站发射成功(苏联)
    具备长期驻守太空能力

⑪ "猎鹰"9号火箭完成
    一级发动机首次回收成功(美)
    具备载人箭重复使用能力

8

器分为三类:航空器、航天器、火箭和导弹。航空器是指在大气中飞行、受空气动力学原理支配的飞行器;航天器是指在大气层以外宇宙空间飞行、受天体力学规律支配的飞行器,又称空间飞行器;火箭和导弹是一类特殊的飞行器,带有火箭发动机,可在大气层内、外飞行,但一般只能使用一次。

随着航空航天科学技术的发展,有时候也很难界定航空器和航天器,两者相互渗透和借鉴。例如近年来出现的临近空间飞行器,其飞行高度范围在 20~100 千米,既受到空气动力的影响,又具有航天器轨道飞行的特点。

任何航空器要升到空中,都必须产生一个能克服自身重力的向上的力,这个力叫作升力。另外,航空器在空中的飞行还必须具备动力装置产生推力或拉力来克服前进的阻力。根据产生升力的基本原理不同,航空器分为轻于(或等于)同体积空气的航空器和重于同体积空气的航空器两大类。前者靠空气的静浮力升空,又称浮空器;后者靠与空气相对运动产生的升力升空。按照不同的构造特点,航空器还可进一步细分,航空器的分类如图 10 所示。

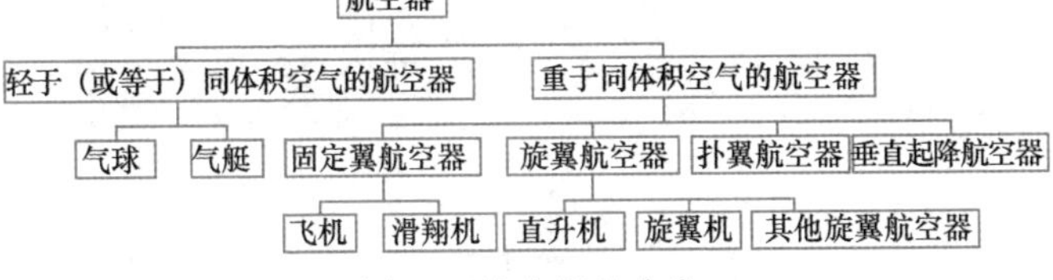

图 10　航空器的分类

❖❖❖ 轻于同体积空气的航空器

轻于同体积空气的航空器包括气球和飞艇，它们先于飞机出现。

气球

气球一般无推进装置，主体为气囊，下面通常有吊篮或吊舱。按照气囊内所充气体的种类，可分为热气球（图11）、氢气球和氦气球三种。

飞艇

飞艇（图12）安装有推进装置，并可控制飞行。根据结构形式，可分为软式、硬式和半硬式三种。飞艇与气球的最本质区别就是它带有动力和操纵舵面，可按照预定的飞行方向飞行；而气球由于没有动力装置和操纵舵面，在水平方向只能随风飘移，但在垂直方向可以通过调节浮力的大小或改变质量的大小进行升降。

图11 热气球

图12 飞艇

亮点小知识：中国的五大航空发明

中国古代科学技术的成就对于世界航空航天技术的

发展具有重要作用。中国古代人民发明的风筝、竹蜻蜓、孔明灯、火箭和走马灯被誉为中国的五大航空发明。这五大航空发明目前还经常在我们的娱乐活动中出现。但遗憾的是，千百年来，这些中国古代的发明在我们国家却只能当成平常的娱乐工具，而一旦传到国外就成为了现代航空技术的启蒙。这非常值得我们深思。

风筝的飞行原理启发了飞机的发明，竹蜻蜓的飞行原理启发了直升机的发明，孔明灯的大型化就是热气球，古代火箭的飞行原理和现代火箭的飞行原理一致，走马灯的运动原理则启发了涡轮喷气发动机的发明。

❖❖❖重于同体积空气的航空器

重于同体积空气的航空器靠自身与空气的相对运动产生升力升空飞行。常见的这类航空器主要有固定翼和旋翼两类，另外还有像鸟一样飞行的扑翼航空器以及能够垂直起降的垂直起降航空器。

固定翼航空器

固定翼航空器包括飞机(图13)和滑翔机(图14)。

图13　飞机　　　　　　图14　滑翔机

飞机由动力装置产生前进推力或拉力，由固定机翼产生升力。滑翔机则没有动力装置。滑翔机可由飞机拖曳起飞，也可用汽车等其他装置牵引起飞。部分动力滑翔机装有小型辅助发动机，无须外力牵引就可自行起飞，但滑翔时必须关闭动力装置。

飞机和滑翔机最本质的差别在于大部分飞行时间内是否依靠动力装置。实际上，在莱特兄弟发明飞机之前，人类就已经发明了滑翔机，并为飞机的发明奠定了空气动力学和飞行操纵等方面的基础。

飞机有多种分类方法，按照其执行任务的不同，可以将飞机分成军用飞机和民用飞机。军用飞机又可以进一步分为歼击机、强击机、轰炸机、侦察机、电子对抗飞机、预警机、空中加油机、军用运输机和军用教练机等。民用飞机包括民航客机、货机、民用教练机、农业机、林业机和体育运动机等。

旋翼航空器

旋翼航空器包括直升机(图 15)和旋翼机(图 16)及其他各种特殊形式的旋翼航空器。

图 15　直升机

图 16　旋翼机

直升机以航空发动机驱动旋翼旋转产生升力和推进力，能垂直起降、悬停、前飞、后飞、侧飞和悬停回转等。直升机和飞机最本质的区别在于：直升机能够依靠旋翼垂直起降，对起降场地的依赖性很弱；而通常意义上的飞机则只能水平起降，对起降场地的依赖性很强。直升机相对于飞机来说，飞行速度慢，振动大。直升机也有军用和民用之分：军用直升机包括武装直升机、运输直升机和战勤直升机；民用直升机则用途广泛，救援、消防、运输等均离不开它。

旋翼机是一种利用前飞时的相对气流吹动旋翼自转以产生升力的旋翼航空器，全称为自转旋翼机。旋翼机和直升机在外形上有些相似，但它的旋翼不是由动力装置驱动的，而是前进时在空气动力作用下像风车那样靠相对气流吹动旋翼自行旋转，产生升力。旋翼机还无须安装尾桨。

旋翼机的前进动力由动力装置直接提供，它不能像直升机那样垂直上升，也不能悬停，必须像飞机一样滑跑加速才能起飞。虽然现在部分型号的旋翼机可以用离合器在起飞时供应动力给主旋翼（称为预旋）使其短暂变成直升机，但还是需要一小段距离的起飞跑道，起飞之后旋翼依然需要靠空气作用力驱动。为了保证旋翼机在水平飞行时的俯仰安定性和航向安定性，旋翼机往往还在尾部安装垂直尾翼和水平尾翼。

旋翼机飞行时由于旋翼旋转会产生较大的阻力，飞行速度较慢。但旋翼机飞行安全性好，尺寸小，结构较简单，一般用于风景区游览或体育活动，也可用于特种作战人员短途输送。

除直升机、旋翼机之外，还有一些设计独特的特殊形式的旋翼航空器：如图17所示的载人多旋翼航空器（有三个以上旋翼），以及如图18、图19所示的特殊形式的旋翼航空器，等等。这些航空器虽然也靠旋翼产生升力，但是稳定和操纵方式与直升机、旋翼机不同。这些特殊形式的旋翼航空器有可能还是未来旋翼航空器的发展方向。相关的详细介绍，请读者参阅有关资料，这里不做展开。

图17 载人多旋翼航空器　图18 特殊形式的旋翼航空器(1)

图19 特殊形式的旋翼航空器(2)

扑翼航空器

扑翼航空器又称扑翼机或振翼机，是指能像鸟和昆虫翅膀那样上下扑动的重于同体积空气的航空器（图20）。扑动的机翼不仅可以产生升力，而且能够产生向前的推进力。

垂直起降航空器

　　垂直起降航空器是指既能够像直升机一样垂直起降和空中悬停,又能够像飞机一样水平飞行的航空器。因此,垂直起降航空器既有机翼能在水平飞行时产生升力,又有旋翼或螺旋桨能在垂直起降和空中悬停时产生升力。倾转旋翼机是一种典型的垂直起降航空器。现在世界上唯一有实用价值的倾转旋翼机为美国波音公司和贝尔直升机公司联合研制的 V-22(又称鱼鹰,图 21)。

图 20　像鸟儿一样飞行的扑翼机　图 21　V-22 倾转旋翼机

亮点小知识:闻名遐迩的飞行表演队

　　飞行表演队被誉为"蓝天舞者",是展示国家航空实力和向民众宣传航空的绝佳途径。目前,一些国家组建了多支国际知名的飞行表演队,如中国空军的"八一""红鹰""天之翼"飞行表演队,俄罗斯空军的"俄罗斯勇士""雨燕"飞行表演队,美国海军的"蓝色天使"和空军的"雷鸟"飞行表演队,法国空军的"法兰西巡逻兵"飞行表演队,英国空军的"红箭"飞行表演队等。在美国还有多支民间飞行表演队,水平也非同一般。

▶▶**航天器大家庭**

与自然天体不同的是,航天器可以在人的控制下改变其运行轨道或回收。航天器为了完成航天任务,还必须有发射场、运载器、航天测控和数据采集系统、用户台站以及回收设施的配合。航天器的分类如图22所示,可分为人造地球卫星、空间探测器、宇宙飞船、空间站和航天飞机。

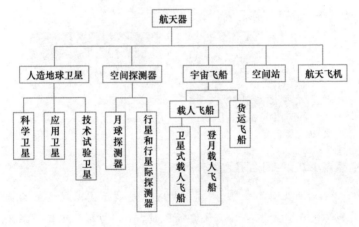

图22　航天器的分类

❖❖**人造地球卫星**

人造地球卫星是指环绕地球在空间轨道上运行(至少一周)的无人航天器,按照天体力学规律绕地球运动,是发射数量最多、用途最广、发展最快的航天器。1957年10月4日,苏联发射了人类首颗人造地球卫星"斯普特尼克"1号,该卫星质量为 80 多千克。揭开了人类向太空进军的序幕。自 1957 年以来,人类发射了 8 000 个以上的航天器,其中 90% 以上是人造地球卫星。

按照用途不同,人造地球卫星可分为科学卫星、应用卫星和技术试验卫星。科学卫星用于科学探测和研究,主要包括空间物理探测卫星和天文卫星等。应用卫星直接为国民经济、军事和文化教育服务,主要有通信及广播卫星、气象卫星、测地卫星、地球资源卫星、导航卫星和侦察卫星等,还有专门用于军事的截击卫星,部分卫星还具有多种功能。技术试验卫星是对航天领域中的各种新原理、新技术、新系统、新设备以及新材料等进行在轨试验的卫星。多数情况下,科学卫星也兼有技术试验功能,如我国的"实践"二号甲卫星就是一颗空间物理探测兼新技术的试验卫星,如图 23 所示。

图 23 "实践"二号甲卫星

亮点小知识："北斗"卫星导航系统

中国"北斗"卫星导航系统是中国自行研制的全球卫星导航系统（图 24）。

图 24 "北斗"卫星导航系统

"北斗"卫星导航系统由空间段、地面段和用户段三部分组成。空间段包括 5 颗静止轨道卫星和 30 颗非静止轨道卫星。地面段包括主控站、注入站和监测站等若干个地面站。用户段包括"北斗"用户终端以及与其他卫星导航系统兼容的终端。

"北斗"卫星导航系统预期可在全球范围内全天候、全天时为各类用户提供高精度、高可靠定位、导航、授时服务，并具备短报文通信能力。

2020 年 7 月 31 日，北斗三号全球卫星导航系统正式开通，这标志着北斗事业进入全球服务新时代。开通以来，系统运行稳定，持续为全球用户提供优质服务，开启全球化、产业化新征程。

✥✥✥ 空间探测器

空间探测器又称为深空探测器或宇宙探测器,是一种对月球和月球以外的天体和空间进行探测的无人航天器,也是人类探测宇宙空间的主要工具。空间探测器的基本构造与一般人造地球卫星基本相同,不同的是空间探测器携带有用于观测天体的各种先进观测仪器。

空间探测器的主要目的:了解太阳的起源、演变和现状;通过对太阳系内各主要行星的比较,进一步认识地球环境的形成和演变;了解太阳系的变化历史以及探索生命的起源和演变。专门用于对月球进行探测的仪器叫作月球探测器,其他的统称为行星和行星际探测器。

月球是人类进行空间探测的首选目标,世界上多个国家向月球发射了月球探测器,还进行了月球实地考察。1959年1月苏联发射了第一个月球探测器——"月球"1号,此后美国发射了"徘徊者"号月球探测器、月球轨道环行器和"勘测者"号月球探测器。

20世纪60年代以后,美国和苏联先后发射了100多颗行星和行星际探测器,分别探测了水星、金星、火星、木星、土星、天王星和海王星等,以及行星际空间和彗星。目前为止,美国仍处在空间探测器的领先地位,多次成功发射探测器对火星进行探测(图25);同时欧洲、中国、日本和印度等国家和地区,也开展了自己的空间探测计划。2021年5月15日,我

国"天问"一号探测器携带的"祝融"号火星车成功登陆火星。
中国成为继美国之后，第二个实现火星软着陆的国家。

图25　"毅力"号火星探测器及其携带的"机智"号直升机

亮点小知识：揭开冥王星面纱的"新视野"号

2015年7月14日，历时9.5年、飞行48亿千米，美国
的"新视野"号探测器顺利到达目的地——冥王星的附近，
第一次真正揭开了冥王星的神秘面纱（图26）。

图26　揭开冥王星神秘面纱的"新视野"号探测器

"新视野"号在人类至今发射的探测器中起始速度最
快；它造访的是传统教科书中太阳系的最后一颗大行星，
也是人类所能靠近的最远的一颗行星。

由于冥王星距离太阳太远,阳光从太阳照到冥王星都需要5小时左右,在冥王星附近接收到的太阳能只及地球的千分之一,探测器无法利用太阳能产生足够的能量供活动所需,因此探测器采用核能源。

完成冥王星的探测后,"新视野"号将到访柯伊伯带,继续探索太阳系起源的秘密。

❖❖ 宇宙飞船

宇宙飞船是一种运送航天员、货物到达太空并安全返回的航天器,分为载人飞船和货运飞船。

载人飞船是人类在太空进行各种探测、试验、研究、军事和生产活动所乘坐的航天器,与无人航天器的不同之处在于载人飞船具有生命保障系统,能保障宇航员在外层空间执行航天任务并返回地面,是一种一次性使用的返回型载人航天器。载人飞船分为卫星式载人飞船和登月载人飞船两类,前者载人绕低地球轨道飞行,后者载运登月航天员。

货运飞船可以往返于天地之间,向空间站定期补给食品、货物、燃料和仪器设备等,是空间站补给物资的重要运输工具,也是空间站的地面后勤保障系统。

宇宙飞船可以独立进行航天活动,也可作为往返于地面和空间站之间的"载体",还能与空间站或其他航天器对接后进行联合飞行。目前只有美国、俄罗斯、中国掌握了制造、发

射、回收宇宙飞船的技术。

世界上第一艘载人飞船是苏联的"东方"1号宇宙飞船，后续还发射了"上升"号、"联盟"号、"进步"号等系列的载人及货运飞船。美国的第一艘载人飞船是"水星"号，共进行6次载人飞行试验，后续还发射了"双子星座"号系列载人飞船，随后还发射了"阿波罗"号系列载人飞船，专门用于实施载人登月计划，"阿波罗"11号实现了首次载人登月的梦想，在整个"阿波罗"计划中，共有6次登月成功，12名宇航员登上月球。

中国载人航天工程正式起步于1992年，中国的第一艘试验飞船"神舟"一号于1999年成功发射，2003年"神舟"五号成功实现载人航天飞行。

❖❖❖ 空间站

空间站是航天员在环绕地球的太空轨道上生活和工作的基地，又称为轨道站或航天站。

空间站与一般航天器相比，有效容积大，可装载比较复杂的仪器，可以长期载人，许多仪器可由人直接操作，可避免机械动作带来的误差，可以完成比较复杂、非重复性的工作任务及复杂试验。

1971年4月19日，苏联发射了第一座空间站"礼炮"1号，从此载人太空飞行进入一个新的阶段。"礼炮"1号空间站在太空运行 6 个月,完成使命后在太平洋上空烧毁。苏联共计发射了 7 座"礼炮"号空间站,其中"礼炮"6 号在轨 5 年,"礼炮"7 号在轨 10 年(后 6 年停止载人飞行),接待了大量的宇航员,开展了大量空间试验及研究。苏联于 1986 年发射第三代空间站——"和平"号,质量达 135 吨,长达 87 米,在轨 15 年间,累计接待过 12 个国家 135 名宇航员,开展了天文观测、生命科学和材料工艺等领域的 1.65 万次空间科学试验和研究,原本设计寿命仅有 5 年,却超期服役 10 年,于 2001 年在人工控制下葬身太平洋。

国际空间站以美国、俄罗斯为首,包括加拿大、日本、巴西和欧洲航天局成员国等共 16 个国家参与研制,于 1993 年完成设计并开始实施。其设计寿命为 10~15 年,总质量约为 423 吨、长 108 米、宽 88 米,运行轨道高度为 397 千米,载人舱内大气压与地表面相同。

目前,我国已经完成"天宫"一号、二号载人空间实验室的飞行任务,正在进一步开展可长期值守的空间站的建设。2021 年 4 月 29 日,我国空间站天和核心舱发射入轨。

❖❖❖ 航天飞机

航天飞机(图 27)是一种有翼航天器,借助外挂助推器可以垂直起飞,在完成任务后,可以直接降低轨道高度,突破大气层,并水平降落在跑道上。因此航天飞机能在轨道上运行,且可以往返于地球表面和近地轨道之间,是一种可部分

重复使用的航天器。

（a）点火发射

（b）在轨运行

图 27　航天飞机

20 世纪七八十年代，美国、苏联、法国和日本等国相继开始研制航天飞机，但实际上只有美国和苏联成功发射过，并且只有美国掌握载人航天飞机的技术。美国航天飞机出现过 2 次机毁人亡的惨重事故，由于高昂的使用费用以及后期较高的故障率，已经在 2011 年 7 月 21 日全部退役。

▶▶火箭与导弹两兄弟

✤✤火箭

火箭是靠火箭发动机喷射工作介质产生的反作用力向前推进的飞行器。它自身携带全部推进剂，不依赖外界工作介质产生推力，既可以在稠密大气层内飞行，也可以在稠密大气层外飞行。火箭是实现航天飞行的运载工具，目前所有的航天器离开地球都要依靠火箭。

1903 年，俄国的齐奥尔科夫斯基提出了制造大型液体火箭的设想和设计原理。1926 年 3 月 16 日美国的火箭专家、物理学家戈达德发射了第一枚液体火箭。1944 年，德国首次将 V-2 导弹（火箭）用于战争。运载火箭用于将卫星等航天器运载进入太空，它是第二次世界大战后在导弹的基础上开始发展的。1957 年苏联首次利用运载火箭发射第一颗人造卫星，苏联"东方"号系列也就成为世界上第一个航天运载火箭系列。

1970 年 4 月 24 日，中国从酒泉卫星发射场，使用自制的"长征"一号运载火箭，将 173 千克的中国第一颗人造卫星"东方红"一号送入轨道，中国成为继苏、美、法、日之后，第 5 个能独立发射卫星的国家，这一天也成为中国的"航天日"。

在近几十年里，各国的运载火箭都在迅速发展，推力越来越大，有效载荷越来越重，控制越来越精确，所用的推进剂越来越安全。一方面，火箭是目前人类进入太空的唯一手段；另一方面，火箭和导弹的技术相通。因此，各国一直十分重视火箭技术的发展。

❖❖❖ 导弹

导弹是"导向性飞弹"的简称，是一种依靠制导系统来控制飞行轨迹，可以攻击指定目标，甚至追踪目标动向的无人驾驶武器。其任务是将战斗部在攻击目标附近引爆并毁伤目标，或在没有战斗部的情况下依靠自身动力系统直接撞击

目标,以达到毁伤效果。简而言之,导弹是依靠自身动力装置推进,由制导系统导引、控制其飞行路线,并导向目标的武器。

导弹与火箭的发展是密切相关的,导弹可以依靠自身动力装置推进,由制导系统导向目标。若发射场距离攻击目标遥远,如中远程导弹、洲际导弹等的发射,无论是车载发射还是基井发射,都必须借助大推力的运载火箭,才能够追踪并攻击目标。

飞行器的重要"器官"

性能优秀的飞机外观一定漂亮。

——达索

不同的飞行器外形各异,包括各种部件,每种部件起到不同的功能。本部分对飞行器的组成部件及其功能进行简单介绍。

▶▶飞机

➡➡各司其职的部件

飞机的主要部件通常包括机翼、机身、尾翼、起降装置、动力装置、操纵系统和机载设备等,如图 28 所示。

✥✥机翼

机翼是飞机产生升力的部件。机翼后缘有可操纵的活动面:外侧的活动面叫作副翼,用于控制飞机的滚转运动;靠

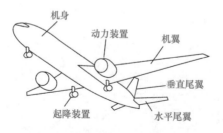

图 28　飞机的主要部件

近机身的活动面称为襟翼（后缘襟翼），用于增大起飞、着陆时的升力。有的飞机在机翼前缘还有前缘襟翼。飞机的机翼内部通常装有油箱，机翼下面可外挂副油箱或各种武器，部分飞机的起落架和发动机也安装在机翼下。飞机的舵面如图 29 所示。

图 29　飞机的舵面

✦✦✦ 机身

　　机身是飞机其他结构部件的安装基础。飞机的机身用来装载人员、货物、设备、燃料和武器等。对于采用翼身融合体设计的飞机，往往很难严格地区分机翼和机身，如图 30 所示为采用翼身融合体技术的 X-48B 缩比验证机。

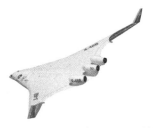

图 30　采用翼身融合体技术的 X-48B 缩比验证机

✤ 尾翼

尾翼是平衡、安定和操纵飞机飞行姿态的部件,通常包括垂直尾翼和水平尾翼两个部分。方向舵位于垂直尾翼后部,用于控制飞机的航向;升降舵位于水平尾翼后部,用于控制飞机的俯仰。采用飞翼布局的飞机,则没有水平尾翼,甚至没有垂直尾翼。

✤ 起降装置

起降装置用于飞机停放、滑行、起飞和着陆,比较简单的起降装置也称为起落架。

亮点小知识:超级起落架

对于重型飞机,为了减小对跑道的压力,同时也为了分散对机体负担过大的集中载荷,主起落架是在前三点式的基础上研制的多轮多支柱式起落架。图 31 为美国 C-5 大型运输机起落架机轮的布置和主起落架,它共有四个主起落架,每个主起落架上有 6 个机轮,加上前起落架的 4 个机轮一共有 28 个机轮。图 32 为苏联的安-225 大型运

输机的主起落架，其前起落架有 4 个机轮，主起落架每边有 14 个机轮，共 32 个机轮。

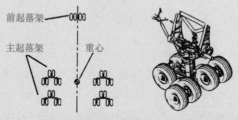

图 31　C-5 大型运输机起落架机轮的布置(左)和主起落架(右)

图 32　安-225 大型运输机的主起落架

✤✤动力装置

动力装置通常称为飞行器的"心脏"，为飞机提供动力，保证它们能够实现前飞和爬升等。根据产生动力的方式不同，飞机的动力装置有多种类型，有的直接喷气产生反作用力(推力)，有的驱动螺旋桨和旋翼旋转产生推力或拉力。

✤✤操纵系统

操纵系统主要用于驱动舵面等部件偏转，以对飞机进行操纵。操纵系统通常布置在飞机的内部，一般通过液压系统、电缆或钢索等将驾驶员的操纵指令传递给舵面使其偏转。

❖❖机载设备

机载设备通常称为飞行器的"大脑""神经""眼睛""耳朵"等,用于对飞行器在飞行过程中的各种信息(如飞行中的速度、加速度、角速度、角加速度、高度、压强、温度、迎角、侧滑角和航向角等参数,发动机运行的主要参数,导航参数,等等)进行测量、处理、传递和显示,以及操纵和控制飞行的硬件设备和软件系统,品种繁多且必不可少。典型的机载设备包括测量、探测与显示系统,导航系统,控制系统,防护救生系统,等等。

➡➡相得益彰的翼身

飞机的几何外形,主要由机身、机翼和尾翼等主要部件的外形共同组成。不同飞机产生升力的主要翼面——机翼,其外形差别还是比较大的,而机翼的外形又直接决定着飞机的气动性能。

❖❖机翼的外形参数

机翼是飞机产生升力和阻力的主要部件。机翼的几何外形,可以从机翼俯视平面形状和机翼剖面形状两个方面来描述,机翼的外形参数如图 33 所示。

典型的机翼平面形状参数主要包括翼展 l、翼弦 b、前缘后掠角 χ_0 等。

翼展是指机翼左右翼梢之间的最大横向距离。

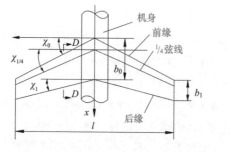
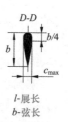

图 33　机翼的外形参数

翼弦是指翼型前缘点和后缘点之间的连线,通常比较关心的是翼根弦长 b_0 和翼梢弦长 b_1。

前缘后掠角是机翼前缘线与垂直于翼根对称平面的直线之间的夹角。机翼的后掠角通常也用 1/4 弦线后掠角表示 $\chi_{1/4}$。所谓 1/4 弦线是指:翼根弦上距离前缘 1/4 翼根弦长距离的点,与翼梢弦上距离前缘 1/4 翼梢弦长距离的点的连线。

在实际应用中通常还以展弦比、根梢比、后掠角等无量纲参数来表示机翼的平面形状参数,而用相对厚度来表示机翼的剖面形状参数。这些参数对于飞机的气动性能有重要的影响。所谓无量纲参数,是指经过变换使得该参数没有单位,如

对于图 33 所示前后缘均为直线的机翼,平均几何弦长 $b_{av}=(b_0+b_1)/2$;S 为整个机翼平面形状的面积。展弦比 λ 是指机翼展长与平均几何弦长之比,即

$$\lambda = \frac{l}{b_{av}} = \frac{l^2}{b_{av}l} = \frac{l^2}{S} \qquad (2.1)$$

梢根比 η，是指翼梢弦长与翼根弦长之比，其倒数称为根梢比，即

$$\eta = \frac{b_1}{b_0} \qquad (2.2)$$

翼型的相对厚度 $\bar{c}$，是指翼型最大厚度 c_{max} 与弦长之比，即

$$\bar{c} = \frac{c_{max}}{b} \qquad (2.3)$$

机翼的外形主要以其平面形状来区分。按照平面形状的不同，通常可划分为三种基本类型：平直翼、后掠翼和三角翼，如图 34 所示。

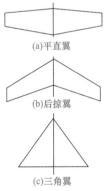

(a)平直翼

(b)后掠翼

(c)三角翼

图 34　机翼的平面形状

飞行器的重要"器官"

平直翼

平直翼通常是指机翼的 1/4 弦线后掠角很小的机翼。平直翼多用在低速和亚声速的飞机上。这类机翼的展弦比通常为 8～12,相对厚度为 0.12～0.15。

平直翼根据弦长的展向分布不同,又可分为矩形机翼(图 35)、梯形机翼(图 36)和椭圆形机翼(图 37)。

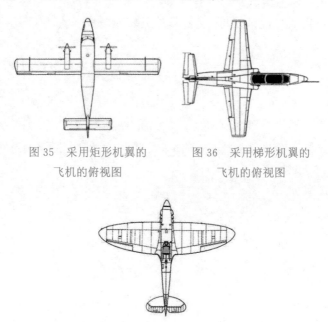

图 35　采用矩形机翼的　　　图 36　采用梯形机翼的
　　　飞机的俯视图　　　　　　　飞机的俯视图

图 37　采用椭圆形机翼的飞机的俯视图

后掠翼

后掠翼通常是指机翼 1/4 弦线后掠角在 20°以上的机

翼。后掠翼多用于高亚声速飞机和部分超声速飞机。高亚声速飞机后掠翼的常用参数范围:后掠角为 30°～35°,展弦比为 6～8,相对厚度约为 0.10,梢根比为 0.25～0.30。对于超声速飞机,后掠角超过 35°,展弦比为 3～4,相对厚度为 0.06～0.08,梢根比小于 0.3。也有一些超声速战斗机采用前掠翼,其机翼掠角的定义和后掠翼相似,但符号相反。采用后掠翼的民航客机和采用前掠翼的战斗机分别如图 38 和图 39 所示。

图 38 采用后掠翼的
民航客机的俯视图

图 39 采用前掠翼的
战斗机的俯视图

平直翼低速飞行时性能好,有利于起飞和降落,但高亚声速和超声速飞行时性能不好;后掠翼有利于高亚声速和超声速飞行,但是低速飞行时性能较差。因此,有些飞机为了既能实现超声速、高亚声速飞行,又有较好的起降性能,往往采用变后掠翼,如美国的 F-14(图 40)、B-1B,以及苏联的米格-23、图-160(图 41)。这种变后掠翼可以在飞行中改变后掠角,起飞与着陆时后掠角小,高速飞行时后掠角大。

（a）机翼展开状态　　　　　　（b）机翼后掠状态

图40　F-14变后掠翼战斗机

（a）机翼展开状态　　　　　　（b）机翼后掠状态

图41　图-160变后掠翼轰炸机

三角翼

三角翼通常是指机翼前缘后掠角非常大，后缘基本无后掠，俯视投影呈三角形的机翼。三角翼通常用于超声速飞机（图42、图43），尤以无尾飞机采用最多。

图42　采用三角翼的超声速战斗机　　　　图43　采用三角翼的超声速民航客机

36

✛✛机身的外形参数

机身的外形参数包括机身的长度 l_{js}，机身的最大直径 d_{js}（或宽度和高度），如图 44 所示。机身的直径往往是沿机身长度方向变化的。不同类型飞机的机身外形往往有较大的差别，民航客机的机身粗而短，超声速飞机的机身又长又细。如何对不同的飞机机身进行统一表述，这就涉及长细比这个机身主要的几何外形参数。长细比也用于描述短舱（如发动机短舱）的几何外形参数。长细比是指机身长度与机身最大直径之比，即

$$\lambda_{js} = \frac{l_{js}}{d_{js}} \tag{2.4}$$

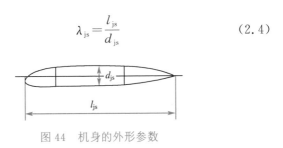

图 44　机身的外形参数

对于低速和亚声速飞机，机身一般采用不大的长细比（6～9）；而对于超声速飞机，机身一般采用较大的长细比（10～20）。

➡➡执掌飞行的舵面

飞机不仅要沿直线飞行，而且要改变飞行状态，实现起飞、降落和机动飞行。空中飞行包括平动和转动。这里先简单介绍一下飞机的三轴：俯仰轴（也称横轴）、滚转轴（也称纵

飞行器的重要"器官"

轴)、偏航轴(也称立轴)。飞机的运动方式及三轴如图 45 所示。

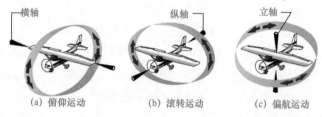

(a) 俯仰运动　　　　　(b) 滚转运动　　　　　(c) 偏航运动

图 45　飞机的运动方式及三轴

通常,采用沿这三轴的平动和绕这三轴的转动,来描述飞机在空中的运动。

绕俯仰轴的转动,称为俯仰运动;

绕滚转轴的转动,称为滚转运动;

绕偏航轴的转动,称为偏航运动;

沿俯仰轴的平动,称为侧向运动;

沿滚转轴的平动,通常称为前后运动;

沿偏航轴的平动,称为沉浮运动。

直升机可以实现悬停、前飞、后飞、侧飞以及任意方向飞行,而固定翼飞机通常只能进行前飞。

为了实现飞行状态的改变,飞机上安装有各种用于操纵或增大升力的舵面,包括副翼、升降舵、方向舵和襟翼等,舵面也称操纵面。下面简单介绍一下。

✛✛ 副翼

副翼是用于飞机滚转操纵的舵面,通常位于每个机翼后缘靠近翼尖的位置,两侧的偏转方向相反。副翼的偏转可以使飞机产生滚转运动。

✛✛ 升降舵

升降舵是用于飞机俯仰操纵的舵面,通常位于机身尾部水平尾翼的后缘。它们一同向上或向下偏转。升降舵的偏转可以使飞机产生俯仰运动。一些飞机为了提高俯仰操纵性,往往还使用全动平尾来取代升降舵。战斗机上使用的全动平尾如图46所示。

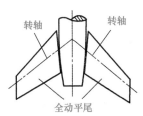

图46　战斗机上使用的全动平尾

✛✛ 方向舵

方向舵是用于航向操纵的舵面,通常位于机身尾部垂直尾翼的后缘。

为了减小舵面的铰链力矩,通常还在升降舵和方向舵的翼尖处向前缘伸出一段结构,称为气动补偿片。升降舵向前伸的气动补偿片如图47所示。当舵面不偏转时,气动补偿片就好比安定面的翼尖结构。

图47 升降舵向前伸的气动补偿片

❖❖❖襟翼

　　襟翼包括后缘襟翼和前缘襟翼。如图48所示，椭圆框中的黑色填充部分就是机翼上的前缘襟翼和后缘襟翼。一般情况下襟翼就是指后缘襟翼。

图48 机翼上的前缘襟翼和后缘襟翼

　　前缘襟翼通常也称为前缘缝翼，后缘襟翼通常安装在机翼后缘靠近翼根的位置。

　　前缘襟翼向下或向前下方偏移，后缘襟翼向下或向后下方偏移，可以增大机翼的弯曲度和面积，提高升力系数，使得机翼的升力增大，同时也会使机翼的失速速度降低，当然还会导致阻力的急剧增大。升力系数是表示升力大小的无量纲参数。失速是指低于某一速度时飞机升力迅速降低。该速度称为失速速度。

襟翼一般在低速、高飞行迎角的情况下使用，如在着陆前的下降过程中，既增大升力系数从而降低飞行速度，又增大阻力使得着陆滑跑距离减小。起飞时为了增大升力也会使用襟翼，但其偏移量较小，以减小阻力的增大。

一些飞机上还设有襟副翼，兼有襟翼和副翼的双重功能，在起飞和降落时起襟翼的作用，在巡航飞行时可代替副翼用作滚转操纵，以弥补副翼在高速飞行时操纵效能的降低。

❖❖❖扰流片

运输类飞机通常还在机翼后缘的上表面布置扰流片。飞机上使用的扰流片和后退式襟翼如图49所示，它通常用于巡航飞行时的阵风减缓和姿态调整操纵，在降落时还可以用作减速板。

图 49　飞机上使用的扰流片和后退式襟翼

飞行器的重要"器官"

➡➡形式各异的襟翼

在飞机上，襟翼有多种形式；以后缘襟翼为例，通常分为简单式襟翼、开裂式襟翼、开缝式襟翼和后退式襟翼，如图50所示。

✤✤简单式襟翼

简单式襟翼的形状与副翼相似，其构造比较简单，如图51所示。简单式襟翼在不偏转时形成机翼后缘的一部分，当它向下偏转时，相当于增大了机翼翼型的弯度，从而使升力增大。在着陆时这种襟翼的偏转角度不能超过50°，这时能使升力系数增大65%～75%。简单式襟翼结构简单，制造和维护成本低，因而被广泛使用。

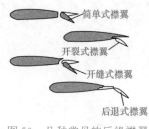

图50 几种常见的后缘襟翼　　图51 飞机上使用的简单式襟翼

✤✤开裂式襟翼

开裂式襟翼像一块薄板，紧贴于机翼后缘下表面并形成机翼的一部分，如图52所示。使用时向下偏转，在后缘与机翼之间形成一个低压区。这个低压区对机翼上表面的气流有吸引作用，使上表面的气流流速增大从而减小压强，最终增大了机翼上、下表面的压强差,使升力增大。除此之外,襟翼下放后,增大了机翼翼型的弯度,同样可提高升力。这种襟翼一般可把机翼的升力系数提高75%～85%。

✥✥✥开缝式襟翼

开缝式襟翼是在简单式襟翼的基础上改进而成的,如图53所示。这种襟翼打开时与机翼之间有一道缝隙,除了起简单式襟翼的增升作用外,下表面的高压气流还可以通过这道缝隙以高速流向上表面,从而推迟上翼面后缘气流分离,保持良好的增升效果。由于开缝式襟翼相对于简单式襟翼只是增加了一道缝隙,因此有时候也很难严格区分简单式襟翼和开缝式襟翼。开缝式襟翼的增升效果较好,一般可使升力系数增大85%～95%。

图52　飞机上使用的开裂式襟翼　图53　飞机上使用的开缝式襟翼

✥✥✥后退式襟翼

后退式襟翼在下放前是机翼后缘的一部分。当其下放时,一边向下偏转一边向后移动,既加大了机翼翼型的弯度,又增大了机翼面积,从而使升力增大。这种襟翼的增升效果比前三种的增升效果都好,一般可使翼型的升力系数增大110%～140%,甚至更大。这种襟翼一般在起飞质量较大的

客机和运输机上使用，且襟翼由 2～3 片构件组成。

➡➡令人心潮澎湃的动力

发动机是飞机动力的提供者。发动机燃烧燃料，为飞机提供能量，并输出推力/拉力以克服阻力。目前，飞机的动力装置主要分为两类，即航空活塞式发动机和燃气涡轮发动机。

在飞机的发展初期，动力装置选用技术比较成熟的航空活塞式发动机。但航空活塞式发动机振动大，耗油率高，控制复杂。后来，科学家在已经发展起来的涡轮喷气技术的基础上，研制成功了用于现代飞机的涡轮风扇发动机等多种燃气涡轮发动机。

直升机除采用航空活塞式发动机外，目前主要采用燃气涡轮发动机中的涡轮轴发动机驱动旋翼产生升力。航天器通常采用产生直接推力的各种火箭发动机。

➡➡日新月异的机载设备

常规机载设备一般分为航电、机电两大类。军用飞机的机载设备还包括火力控制、电子对抗、侦察、预警和反潜等设备。相对于飞机的结构、发动机等，机载设备的更新更快，可以说日新月异。

✢✢航电设备

航电设备是指航空电子系统，是保证飞机完成预定任务并达到各项规定性能所需的各种电子设备的总称。最基本的航电系统由传感器、导航系统、通信系统和显示系统构成。航电设备发展最为迅速,正以惊人的速度改变着航空航天技术。起初的航电设备只是一架飞机的附属系统,而如今许多飞机存在的唯一目的就是搭载这些设备,军用飞机成为一种集成各种强大而敏感的传感器的战斗平台。

✤✤✤ 机电设备

机电设备是执行飞行任务并保障各项功能正常的系统的总称。机电设备的技术水平直接影响飞行器的整体性能。飞机典型的机电设备包括电源、燃油、液压、第二动力、机轮刹车、环境控制和生命保障系统。正是这些系统才保证和支持了航空电子、飞行控制、环境控制和火控系统的正常运行和乘员安全。随着数字技术、信息技术和计算机技术的迅猛发展,机电设备正在向对机身、动力装置和各系统的功能、能量及控制等方面进行设计和管理的综合化方向发展,可以进一步改善飞行品质,提高飞行性能、安全性、舒适性、可靠性和维修性,同时降低燃油消耗和维修成本。

机电设备在飞机的操纵中也发挥了重要的作用。早期的飞机操纵系统为机械式操纵系统,主要用于驱动舵面等部件偏转,以对飞机进行操纵。自动驾驶仪出现后,机电设备与操纵设备一起完成飞机操纵,一方面可以代替驾驶员操纵飞机;另一方面可以对飞机进行增稳,提高飞行的性能和避免危险飞行等。军用歼击机、轰炸机、无人机,民用民航客机、运输机,航天飞机、宇宙飞船等飞行器均采用各种自动驾驶系统。无人驾驶飞机完全是由自动驾驶系统根据预先给

定的程序进行飞行的，可以完成预定航线飞行、复杂气象条件下自动起降、地形跟踪等难度较大的特殊飞行任务。

▶▶直升机

飞机能够飞上蓝天，主要依赖于固定在飞机上的机翼与空气相对运动产生升力。但是，直升机不同，它一般没有固定的机翼。直升机能飞起来，要归功于直升机顶部的旋翼。旋翼旋转与空气相对运动产生升力。直升机上转动的旋翼，要比飞机上固定的机翼复杂得多。

直升机由很多部件组成，包括旋翼系统、尾桨系统、机体、动力装置、传动系统、操纵系统、起降装置、机载设备与仪表等。直升机的主要组成部件如图 54 所示。

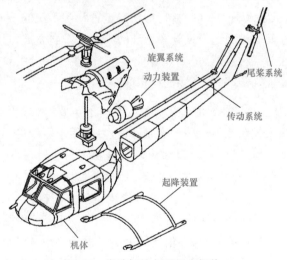

图 54 直升机的主要组成部件

➡➡旋翼系统、尾桨系统是关键

✦✦旋翼系统

旋翼系统是开启直升机飞行之门的钥匙,也是直升机的核心。直升机依靠旋翼系统产生升力,并能通过旋翼系统改变升力的大小和方向。旋翼系统由桨叶、桨毂、转轴构成,通常有两片或多片桨叶。桨叶安装在桨毂上,桨毂安装在转轴上,桨叶、桨毂和转轴在发动机的驱动下一起旋转。

直升机旋翼绕旋翼转轴旋转时,每个叶片的工作都与一个机翼类似,旋转的旋翼产生升力,使得直升机飞了起来。由于桨叶在工作时需要不停旋转,因此在设计时有很高的要求,除气动力等方面的要求之外,还有动力学和疲劳等多方面的因素需要考虑。

旋翼桨毂的功能是将旋翼桨叶和旋翼转轴连接在一起,并能让旋翼桨叶的桨距在自动倾斜器的作用下有规律地改变。图55所示是"山猫"直升机的无铰式桨毂构造。

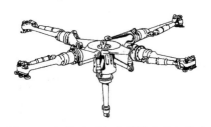

图55 "山猫"直升机的无铰式桨毂构造

旋翼系统是直升机研制中最复杂的系统,在设计时一方

飞行器的重要"器官"

面希望旋转时产生更大的升力，另一方面还需要考虑它的使用寿命问题。

❖❖尾桨系统

直升机的尾部也有一个小一点的桨叶，称为尾桨。尾桨的功能是平衡反扭力矩、改变直升机的机头指向。对于单旋翼直升机，一般来说，没有尾桨就无法控制方向，哪也去不了。

尾桨系统的结构形式和旋翼系统类似，也包括桨叶、桨毂和转轴等。尾桨的类型有常规尾桨（图56）、涵道尾桨（图57、图58）。也有些单旋翼直升机，通过从尾部喷出气流的方式来调整机头的指向，称为无尾桨式单旋翼直升机。单旋翼直升机的无尾桨系统如图59所示，采用无尾桨式的单旋翼直升机如图60所示。

常规尾桨

图56 采用常规尾桨的直升机

涵道尾桨

图57 采用涵道尾桨的直升机

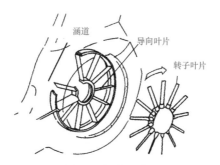

图 58　涵道尾桨

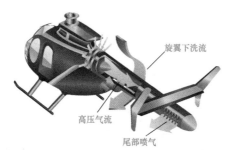

图 59　单旋翼直升机的无尾桨系统

图 60　采用无尾桨式的单旋翼直升机

亮点小知识：让设计师头疼的直升机振动

　　由于直升机旋翼的存在，振动问题一直是让直升机设计师头疼的事情。最强烈的两种振动要属地面共振和桨叶颤振。设计师们需要通过优化设计旋翼来抑制这两种不利振动。

　　地面共振是一种直升机在地面启动发动机之后容易出现的振动。地面共振出现时可能让直升机剧烈地摇晃起来，甚至在极短时间内把直升机掀翻在地，造成机毁人亡的事故。为此，直升机设计师需要在旋翼上安装各种形式的减摆器，以吸收大部分的振动能量，从而防止地面共振，让直升机可以更安全地飞行。

　　桨叶颤振是在旋翼系统高速旋转和直升机快速飞行时会出现的，可导致桨叶破坏甚至折断的振动。为此，直升机设计师在设计桨叶时往往需要在桨叶前缘巧妙地增加配重，防止桨叶颤振发生。

➡➡**机体连着"你我他"**

　　机体是直升机的重要部件，其作用是把直升机的各个部件连接成一个整体。机体又像一个大盒子，将人员、旅客、货物、设备和燃料等都装在里面。机体通常由机身等部件构成。为了让直升机在水平飞行时更加平稳，有些直升机往往还在机身尾部安装水平尾翼和垂直尾翼。

　　图61是美国 UH-60"黑鹰"直升机机体的分段图，机体

包括驾驶舱、座舱、发动机舱、过渡段、尾梁、水平尾翼和垂直尾翼等。

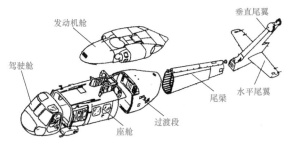

图 61　UH-60"黑鹰"直升机机体的分段图

➡➡**动力装置似心脏**

　　发动机是直升机动力的提供者，它一般安装在直升机机体的顶部。发动机燃烧燃料，为直升机提供能量，并输出机械能让旋翼转动起来。目前，直升机上使用的动力装置大体上分为两类，即航空活塞式发动机和航空涡轮轴发动机。航空涡轮轴发动机是喷气式发动机的一种。

　　在直升机的发展初期，直升机动力装置选用技术比较成熟的航空活塞式发动机。但航空活塞发动机振动大、耗油率高、控制复杂。后来，科学家在已经发展起来的涡轮喷气技术的基础上，研制成功了用于现代直升机的航空涡轮轴发动机。

➡➡**传动系统递能量**

　　直升机的传动装置是使旋翼和尾桨旋转必不可少的部

飞行器的重要"器官"

件，发动机发出的动力就靠它传给旋翼。

直升机的传动系统(图62)主要包括减速器、传动轴和发动机等。减速器又分为主减速器、中间减速器和尾减速器。

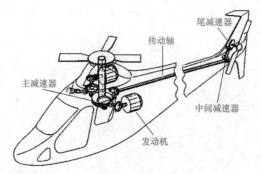

图62 直升机的传动系统

直升机的主减速器是传动系统中最复杂、最大、最重的部件，一般采用齿轮来降低转速，减速后驱动旋翼旋转。

➡➡操纵系统很复杂

直升机的操纵系统的作用是改变直升机的姿态。直升机和普通的飞机不同，它上面没有可以活动的舵面，因为直升机悬停和小速度飞行时，舵面发挥不出应有的功效。舵面没有功效，就无法控制姿态，直升机就会像一匹脱缰的野马一样不受控制，所以只有靠周期变距系统来改变直升机的姿态。实现周期变矩的自动倾斜器如图63所示。

直升机的操纵系统(图64)包括油门总距杆、周期变距杆(也称驾驶杆)和脚蹬等。直升机的驾驶杆、脚蹬与固定翼飞机的驾驶杆和脚蹬相似。

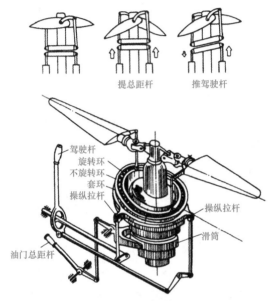

提总距杆　　　　推驾驶杆

驾驶杆
旋转环
不旋转环
套环
操纵拉杆

操纵拉杆

滑筒

油门总距杆

图 63　自动倾斜器

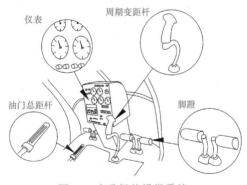

仪表　　　　　　周期变距杆

油门总距杆　　　　　　　脚蹬

图 64　直升机的操纵系统

飞行员用手操纵油门总距杆,可使直升机升降;用脚踩脚蹬,可以改变直升机的机头指向;用手操纵驾驶杆,可使直升机向前、向后、向左、向右飞行。

亮点小知识:山地飞行很危险

直升机在丛山中间飞行时,要当心"隐形杀手",那就是山地乱流。山地乱流主要是山坡地形作用所致。空气在山的迎风面沿山坡上升,在气流爬升至山顶过程中产生上升气流。当气流通过山顶后,受到地形障碍物高度降低的影响产生下降气流和空气漩涡。

这就好像河水流过大石头后,会在大石头后方产生漩涡是一样的。

如果直升机飞入这样的气流中,就会变得十分难操纵,这时要求飞行员必须时刻准确判断直升机与地面之间的距离,并及时改变飞行高度与速度,有时甚至要采用迅猛操纵动作;加之山地飞行高度很低,又难以依靠机载设备和地面设备导航,所以在山地飞行时飞行员工作负荷很重,具有较大的危险性。

➡➡起降装置有讲究

直升机和普通的飞机一样,也要起飞和降落,因此也就离不开起降装置。起降装置的作用是减少撞击,保证起降过程的安全、平稳和舒适。

在陆地上起降时,直升机通常使用轮式起落架(图65)

或滑橇式起落架（图 66）；如果需要在水面上起降，则使用浮筒式起落架（图 67）。直升机的起落架和普通飞机的很相像，但着陆冲击要小得多，因此直升机的起落架要比普通飞机的起落架简单。

轮式起落架

图 65　直升机的轮式起落架

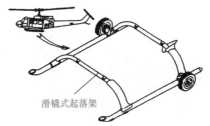

滑橇式起落架

图 66　直升机的滑橇式起落架

浮筒式起落架

图 67　直升机的浮筒式起落架

▶▶**航天器**

航天器包括卫星、飞船、空间站和航天飞机等，它们的外形差别较大，构成的部件也不同，各有各的特点。下面仅简单介绍几种航天器的部件构成。

➡➡**绕地之星——卫星**

卫星的部件构成如图 68 所示。人造卫星一般由有效载荷和卫星平台两部分构成。有效载荷是指为了直接实现该卫星的应用目的或科研任务的各种仪器设备。卫星平台则是用于支持有效载荷正常工作的所有保障系统的总称。

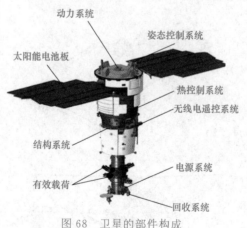

图 68 卫星的部件构成

科学卫星的有效载荷是各种物理探测、天文探测仪器。

技术试验卫星的有效载荷则是各种新原理、新技术、新方案、新仪器设备和新材料的试验设备。

应用卫星的有效载荷包括通信转发器、遥感器和导航设备等。

卫星平台用于保障卫星和有效载荷在空间的正常工作,也称服务系统。它包括结构系统、热控制系统、姿态控制系统、电源系统、无线电遥测及遥控和跟踪系统等。其中返回卫星需要有回收系统,有些需要实施变轨的卫星还应有动力系统。

➡➡宇宙之舟——飞船

载人飞船的主要结构特点是必须安排用于航天员活动的舱段。现代的载人飞船通常由轨道舱、返回舱和服务舱等部分组成。飞船的各舱段如图69所示。

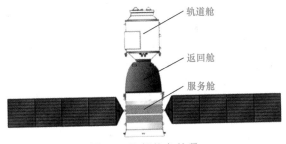

图69　飞船的各舱段

❖❖轨道舱

飞船的轨道舱是飞船的重点舱段,它前端的对接机构供飞船与其他飞船或空间站对接用,其下端通过密封舱门与返回舱相连,它是航天员在太空飞行中,进行科学实验、进餐、体育锻炼、睡觉和休息的空间,其中备有食物、水和

睡袋、废物收集装置、观察仪器及通信设备等,轨道舱有时还可兼做航天员出舱活动的气闸舱。

❖❖ 返回舱

顾名思义,返回舱是供航天员重返地球的舱段。在起飞阶段和在轨飞行阶段,返回舱也发挥着重要的作用。在轨道飞行时返回舱与轨道舱连在一起,合为航天员居住舱。在起飞阶段和再入大气层阶段,航天员都半躺在返回舱内的座椅上,并保持一定角度以克服超重的压力。在飞船返回地面之前,轨道舱和服务舱分别与返回舱分离,并在再入大气层的过程中焚毁,只有返回舱载着航天员返回地面。

❖❖ 服务舱

飞船的服务舱也可称为"仪器设备舱"。它的前端通过过渡舱段与返回舱相连,后端与运载火箭相接。"联盟"号飞船的这个舱又分为前、后两个部分:前部分是密封增压的,内部装有电子设备,以及环境控制、推进系统和通信等设备;后部分是非密封性的,主要用于安装变轨发动机和贮箱等。服务舱外部还装有环境控制系统的辐射散热器和太阳能电池板。

➡➡ 太空琼楼——空间站

空间站是迎送宇航员和太空物资的场所,是环绕地球轨道运行的空间基地,人们又称它为"宇宙岛"。苏联是第一个成功发射空间站的国家,1971年发射了人类第一个空间站"礼炮"1号。此后,世界上有一系列空间站进入太空,先后有数十批上百人次宇航员到站上工作,进行多次科学实验,取得了大量的实验数据和宝贵的科学资料。

空间站最初的总体结构形式是舱段式,后来改为多对接口复合式,现在开始向桁架挂舱式发展。空间站可以分为单模块空间站、多模块组合空间站和一体化组合空间站三种。

❖❖单模块空间站

单模块空间站是指由运载器一次发射入轨即可运行的空间站。在载人航天发展初期,试验型的空间站都是单模块空间站,如苏联的"礼炮"号系列空间站和美国的"天空实验室"。

❖❖多模块组合空间站

多模块组合空间站是指由运载器将各模块逐个发射入轨,在轨组装而成的空间站。如苏联的"和平"号空间站就是一个多模块组合空间站,它由1个核心舱及5个有效载荷舱组成(图70),分别是"量子1号"舱、"量子2号"舱、"晶体号"舱、"自然号"舱和"光谱号"舱。该空间站的轴向可以对接载人飞船和货运飞船,载人飞船负责宇航员的往返,货运飞船为空间站提供食物、水、氧气和推进剂等补给品。"和平"号空间站由"质子"号运载火箭每次发射1个舱段(模块)入轨。

❖❖一体化组合空间站

一体化组合空间站又称一体化综合轨道基地,首先由美国提出设想,后来体现在国际空间站设计方案中。国际空间站由美国、俄罗斯、部分欧洲国家、日本、加拿大和巴西等6方16个国家合作建造。其建造过程如下:先将"曙光"号功

能能源舱送入轨道,然后将"团结"号节点 1 舱送入轨道,并实现两者组装,再将气闸舱、实验舱、居住舱和大桁架等构件发射入轨并在轨道上装配。全站有统一的姿控系统,有统一的服务设施,集中供电、供气和控制温度,以提高全站使用效率。

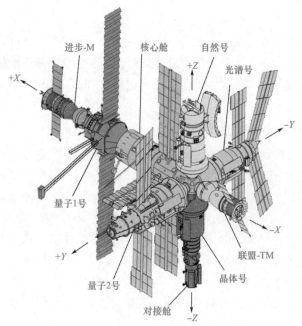

图 70 "和平"号空间站舱段组成

➡➡天地航班——航天飞机

航天飞机由一个轨道器、一个外贮箱和两个固体火箭助推器组成。苏联的航天飞机和美国的颇为相似,这里主要以美国的航天飞机为例介绍航天飞机的组成(图71)。与其他一次性的航天器不同,航天飞机的轨道器、固体火箭助推器是可重复使用的。这是对可重复利用航天器的一次重大探索。

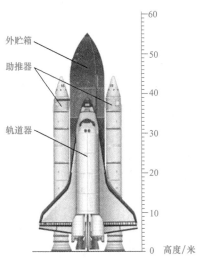

图 71　航天飞机的组成

◈◈◈**轨道器**

轨道器是航天飞机的核心部分,是整个航天飞机系统中唯一既可载人又可重复使用的部分。

◈◈◈**助推器**

助推器的作用是助推,用于补充主发动机推力的不足;采用固体火箭发动机;可供再次使用。

◈◈◈**外贮箱**

航天飞机的主发动机是液体火箭发动机,推进剂是液态

氧和液态氢。液体推进剂不装在航天飞机上，而是装在一个独立的、可以抛弃的外贮箱里面。采用这种结构形式，可以减小航天飞机轨道器的尺寸和质量，避免航天飞机的轨道器过于庞大。

　　航天飞机的结构如图 72 所示，它包括轨道器、助推器和外贮箱的内部构造。

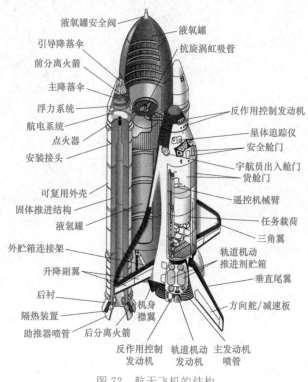

图 72　航天飞机的结构

▶▶火箭和导弹

➡➡登天神梯——火箭

火箭本体包括箭体结构、推进系统及制导系统。

✥✥箭体结构

火箭的箭体结构（图73）也就是火箭壳体，称为结构系统。它的作用是安装有效载荷、飞行控制系统及动力装置，并使它们连接成一个整体。

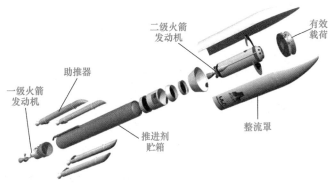

一级火箭发动机
助推器
二级火箭发动机
有效载荷
推进剂贮箱
整流罩

图73 火箭的箭体结构

箭体结构通常被做成流线型的光滑外壳，以使火箭具有良好的空气动力学外形及飞行性能。在火箭存放时，结构系统支承着火箭各部分的质量；在火箭发射时，结构系统支承着竖立在发射台上的包括推进剂在内的整个火箭的质量；在

地面操作、运输和飞行过程中结构系统还承受着火箭内部和外部的各种力,保护箭体内部的仪器设备并为它们创造良好的工作环境。

固体火箭和液体火箭的箭体结构略有不同。液体火箭的箭体结构主要包括有效载荷、整流罩、仪器舱、氧化剂贮箱、燃料贮箱、级间段、发动机推力结构、尾舱和分离结构等。固体火箭的箭体结构大部分由发动机的外壳构成,结构比较简单。但在结构原理和作用上,固体火箭与液体火箭发动机的箭体结构基本相同。

❖❖推进系统

火箭的推进系统就是火箭的动力装置,是指火箭上产生飞行动力和其他辅助动力的设备,主要包括火箭发动机和推进剂输送系统,或者直接称为火箭发动机,它使火箭获得进入宇宙的飞行速度。

火箭发动机自带推进剂,不依赖外界空气,其最大的特点是在没有空气的太空中也可以工作。火箭发动机自带燃料(燃烧剂)和氧化剂,它们两者结合起来就是推进剂。推进剂在发动机燃烧室中燃烧,形成高温高压燃气,在尾部喷管中膨胀并高速喷出产生反作用力,推动火箭向前飞行。

液体火箭发动机由推力室、推进剂供应系统和发动机控制系统组成。固体火箭发动机由燃烧室、喷管和点火装置组成。液体和固体火箭发动机各有优缺点。液体火箭发动机的效能高,工作时间长且可以多次启动,推力的大小和方向调节控制简单,但是结构较为复杂,推进剂不能长期储存;固体火箭发动机效能较低,工作时间短,不能多次启动,推力的大小和方向调节控制较难,但结构简单,工作可靠,推进剂可以长期储存,操作方便。因此,固-液混合式火箭发动机也是一种重要的火箭发动机种类。

❖❖ 制导系统

火箭的制导系统包括导航、姿态控制、电源配电和测试发控系统,前三种系统安装在火箭上,统称为火箭的飞行控制系统;后一种系统安装在地面上。

导航系统用于控制火箭发动机准时点火、关机和火箭各级之间的分离。姿态控制系统用于矫正火箭在飞行过程中的俯仰、偏航和滚动偏差,保持火箭正确的飞行姿态。电源配电系统用于给制导系统的仪器设备配电供电,按火箭飞行的先后工作程序发出时间顺序指令,控制火箭工作状态的变化。测试发控系统用于在发射前通过火箭与地面的通信,对火箭控制系统的各种性能数据、箭体和发动机系统的电气部分进行检查测试,也可以将飞行参数向箭上设备上传;发射时对火箭实施发射控制。

➡➡ 制敌长矛——导弹

从宏观上看,导弹的结构大致由 5 个主要部分构成:战

斗部、弹体结构系统(弹身和弹翼)、动力推进系统、制导系统和电源系统。导弹的结构如图 74 所示。

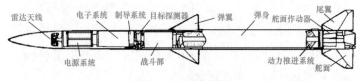

图 74　导弹的结构

❖❖战斗部

　　导弹的战斗部也称为战斗部系统,简称弹头,其内部布置如图 75 所示。它是导弹用于毁伤目标的全套装置,由引信、壳体、战斗装药和保险装置等部分组成,通常在壳体前段安放引信装置,中段承载装药,后段配备保险装置。

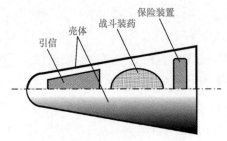

图 75　导弹战斗部的内部布置

❖❖弹体结构系统

　　弹体结构系统是用于构成导弹外形、连接和安装弹上各分系统,且能承受各种载荷的整体结构。为了提高导弹的运载能力,弹体结构系统的质量应尽量减轻,采用高比强度的制造材料,并设计成具有良好的气动外形、先进的结构形式的薄壁壳体。

❖❖动力推进系统

动力推进系统是为导弹飞行提供动力的整套装置,又称为导弹动力装置。它主要由发动机和推进剂供应系统两大部分组成,其核心是发动机。

❖❖制导系统

制导系统是导引和控制导弹飞向目标的装置和设备的总称。它包含导引系统和控制系统两个部分。导引系统的主要功能是将导弹导向目标,不断地测量导弹与目标的相对位置与偏差,并向导弹发出修正偏差或跟踪目标的控制指令;控制系统的主要功能是操纵导弹的飞行状态,确保导弹稳定飞行,控制导弹按所要求的方向和轨迹飞行以命中目标。

❖❖电源系统

电源系统是导弹的重要组成部分,是导弹能够正常工作的保障。导弹电源系统通常由一次电源、二次电源以及电源控制电路等构成,具有响应时间短、功率密度大、可靠性高、适应严酷的工作环境、体积小、质量轻和耐储存等特点。

航空飞行的终极奥秘

　　我要不惜一切努力去研究风以及在风中飞行的全部奥秘。

——冯·卡门

　　航空器飞行蕴藏着各种奥秘：飞机要靠空气产生的升力克服重力实现飞行，因此飞机的飞行离不开大气；飞机要安全飞行需要防止迎角过大出现失速；为了飞得更快、更远，飞机要设法减小阻力；为了克服直升机旋翼旋转造成机身自转，需要尾桨等旋转系统达到扭矩平衡；等等。

▶▶大气——航空器离不开你

　　航空器是在大气层内活动的飞行器，受空气动力学原理支配，其飞行一刻都离不开大气。

　　大气在地球引力作用下聚集在地球周围，大气层总质量的90％均集中在地球表面15千米高度以内，总质量的

99.9％均集中在地球表面50千米高度以内。在距地球表面2 000多千米的高度以上,大气极其稀薄,并逐渐向行星际空间过渡。

根据地球大气中温度随高度的变化,可将大气层按照高度从低到高划分为对流层、平流层、中间层、热层和散逸层5个层次,航空器的飞行环境是对流层和平流层。地球大气层分布如图76所示。大气各分层的高度范围和特点见表1。

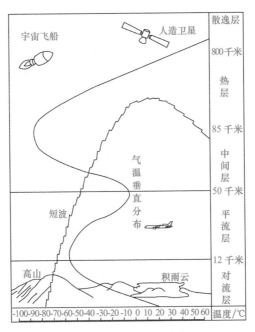

图76　地球大气层分布

表 1　大气各分层的高度范围和特点

分层	高度范围	特点
对流层	大气中最低的一层。其顶界随地球纬度、季节的变化而变化，顶界从赤道地区向南北两极逐渐降低。对流层在赤道地区的顶界为16～18千米，在两极的顶界为7～8千米	气温随高度升高而降低；风向、风速经常变化；空气上、下对流激烈，严重时会导致飞机颠簸；有云、雨、雾和雪等天气现象（简称气象）。 对流层是天气变化最复杂的一层，飞行中所遇到的各种天气变化几乎都出现在这一层中。因此，在飞行之前要事先了解当天的天气情况，以确保飞行安全。通常早、晚两个时间段的气流比较稳定，飞行比较平稳
平流层	位于对流层的上面，其顶界约为50千米	空气主要是水平方向的流动，没有上、下对流，气流较平稳，能见度好。随着高度的增加，起初气温基本不变（约为 −60 ℃）；高度在20～32千米以上时，气温升高较快，到了平流层顶界，气温会升至5 ℃左右
中间层	离地球表面50～85千米	气温随高度升高而下降，且空气有相当强烈的铅垂方向的运动。当高度升到80千米左右时，气温降到−100 ℃左右
热层	中间层顶界到离地平面800千米	空气密度极小，由于空气直接受到太阳短波辐射，因此，空气处于高度电离状态，温度又随高度增高而上升
散逸层	热层顶界以外，顶界为2 000～3 000千米	该层是大气最外层，空气极其稀薄（该层大气质量只是整个大气质量的$1/10^{11}$）；大气分子受地球引力很小，不断地向行星际空间逃逸

▶▶升力——原来这么神奇

升力是飞机用以平衡重力飞上蓝天的最根本要求,升力的特性直接决定了飞机的性能,升力的特性与机翼的剖面形状——翼型直接相关。

介绍升力产生的原理之前,先让大家来做一个小小的试验。

纸的吹气试验如图77所示,手持一张纸条的一端,由于重力的作用,纸条的另一端会自然垂下;接下来大家将纸条拿到嘴前,在纸条的上面沿着水平方向吹气,看看会发生什么样的情况。结果是:纸条不但没有被吹开,垂下的一端反而飘了起来。那这到底是什么原因呢?

流体力学的基本原理——伯努利定理告诉我们:在流动的液体或气体中,流动慢的地方压强较大,而流动快的地方压强较小。基于这一原理,纸条上面的空气被吹动,流动较快,压强比纸条下面不动的空气小,产生压强差,因此将纸条托了起来。

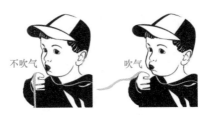

图77 纸的吹气试验

当我们知道了流速和压强的关系之后，再来看看机翼上的升力是怎么产生的。首先来看机翼的剖面——翼剖面，通常也称为翼型，翼型及其构成如图78所示。翼型最前端的一点叫作前缘，最后端的一点叫作后缘，前缘和后缘之间的连线叫作翼弦。弦与相对气流速度 v 之间的夹角叫迎角，有时也称为攻角。

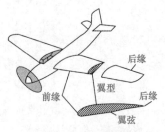

图 78　翼型及其构成

如果要想在翼型上产生空气动力，必须让它与空气有相对运动，或者说必须有具有一定速度的气流流过翼剖面。

大部分机翼的翼型，其上表面凸出，下表面平坦。现在将这样一个翼型放在流速为 v 的气流中，翼型和作用在翼型上的空气动力如图79所示。假设翼型有一个不大的迎角 α，当气流流到翼型的前缘时，气流分成上、下两股分别流经翼型的上、下翼面。

继续基于伯努利定理分析。由于翼型的作用，当气流流过上翼面时流动通道变窄，气流速度增大，压强降低，并低于前方气流的大气压；而当气流流过下翼面时，由于翼型前端上仰,气流受到阻拦,且流动通道扩大,气流速度减小,压强增大,并高于前方气流的大气压。因此,在上、下翼面之间就形成了一个压强差,从而产生了一个向上的合力 R。这个合力的垂直向上的分量即升力 Y,向后的分量即阻力 D。

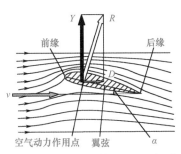

图 79　翼型和作用在翼型上的空气动力

翼型产生升力的原理还可以从另外一个角度来理解:当气流流过正迎角的翼型后,发生向下的偏转,即翼型给空气以向下的力使气流向下运动,根据作用力与反作用力的关系,空气则给翼型以向上的力,即翼型的升力。

▶▶翼型——划破长空的底层密钥

一方面,机翼的升力来源于气流作用在机翼上、下表面的压力差,而这种压力差则直接取决于机翼的翼型。另一方面,翼型还影响空气阻力的大小。翼型的升力和阻力的特性,对飞机性能的影响是很大的。要想得到性能优良的飞机,首先要选择好的翼型。

早期的飞机,由于人们没有体会到翼型的作用,因此,曾

采用平板和弯板翼型。后来,随着理论研究和工程实践的不断深入,人们逐步认识到翼型的重要性和它对升力所起的作用,因此,创造了很多适合于各种不同需要的翼型,并通过试验确定出各种不同翼型的空气动力特性,从而形成可供设计人员选择的"翼型库"。

翼型的种类很多,为了便于直观地区分,通常将翼型分为双凸翼型、平凸翼型、对称翼型、凹凸翼型和 S 形翼型五大类,翼型的分类见表 2。

表 2　翼型的分类

名称	特点	外形图
双凸翼型	上、下弧线都是向外弯曲的,中弧线仍然向上弯曲	
平凸翼型	上弧线向上弯曲,下弧线较为平直,中弧线也向上弯曲。严格来讲,平凸翼型的下弧线很难做到完全平直,其实际上也是双凸翼型的一种,只是为了强调其下弧比较平坦而专门列为一类	
对称翼型	上、下弧线是对称的,中弧线与弦线重合成一条直线,严格来讲也是双凸翼型的一种,只是为了强调其上、下弧对称而专门列为一类	
凹凸翼型	上、下弧线和中弧线,都向上弯曲	
S 形翼型	中弧线形状像横放的 S。通常用于没有水平尾翼的飞翼式飞机上	

▶▶失速——飞行的大敌

飞机的升力大小受到多方面因素的影响,本节对这些因素的影响规律进行归纳,并对失速的概念进行介绍。

➡➡影响升力的因素

在飞机设计过程中,设计师总是希望飞机的升力足够大而阻力很小,以便于达到更好的飞行性能。但是从物理角度出发,飞机的升力是同时受到多方面因素制约的。经过理论计算和试验证明,升力公式可表达为

$$L = \frac{1}{2}\rho v^2 C_L S \qquad (3.1)$$

式中:L 为升力;ρ 为空气密度;v 为空气速度;C_L 为升力系数;S 为机翼面积。

从式(3.1)可以看出,机翼的升力受到空气密度、空气速度、升力系数和机翼面积的影响。

✤✤空气密度的影响

升力的大小和空气密度成正比,空气密度越大,则升力越大。当空气很稀薄时,机翼上产生的升力很小。在高空飞行时由于密度的下降,为了满足升力的要求,往往需要飞机有较大的飞行速度和机翼面积。火星表面也有大气,其表面大气的密度相当于距离地球高度为 3 万米处的大气密度;当然火星的大气成分与地球是不同的。

✤✤速度的影响

这里的速度是指气流速度,即空气和飞机的相对速度。气

流速度越大，产生的空气动力越大，机翼上产生的升力也就越大。但升力与气流速度并不是呈简单的正比关系，而是与气流速度的平方成正比。通常所说的速度换升力就是这个道理。

❖❖❖ 机翼外形、剖面形状和迎角的影响

机翼的剖面形状和迎角不同，则产生的升力也不同，这一特性可以用升力系数随迎角、机翼外形和翼型形状的变化来表示。不同的机翼外形、剖面形状和迎角，会使机翼周围的气流的流速和压强等流动状态发生变化，从而导致升力改变。不同的翼型在同一迎角下的升力系数不同。

❖❖❖ 机翼面积的影响

机翼是飞机升力的主要产生部件，升力的大小与飞机机翼面积的大小成正比。

亮点小知识：乘风飞行

飞机在起飞、着陆过程中，一般采用顶风（逆风）的方式以缩短距离。但是在高空飞行中，如果采用顺风飞行的方式，就可以大大节省燃料和缩短飞行时间；逆风飞行正好相反。因此，在经批准后也可选择风向和风速适宜的最佳高度飞行。在实际的飞行过程中，高度不同，风速和风向会有差异。

例如，北京往返乌鲁木齐的航线，高空通常是西风，从北京向西飞往乌鲁木齐需要飞行 3 小时 45 分，但回程因为顺风，只需 3 小时 15 分。飞机因此可少装油料，而多载旅客、货物，获得更高的经济效益。

➡➡**失速**

　　机翼上产生升力的大小,与翼型的形状和迎角有很大的关系,迎角不同,产生的升力也不同。一般来讲,不对称的流线型翼型在迎角为零时仍可产生升力,而对称翼型和平板翼型这时产生的升力却为零。如果以升力系数的形式表示升力随迎角的变化,则结果如图 80 所示。在临界迎角之前,升力系数随迎角的增加几乎呈直线增加;但当迎角大于临界迎角之后,升力系数则迅速下降。

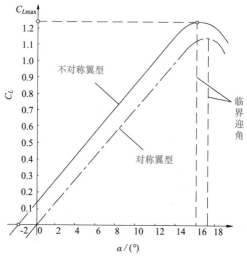

图 80　升力系数随迎角的变化

　　随着迎角的增大,升力也会随之增大,但当迎角增大到

一定程度时，气流就会从机翼前缘开始分离，尾部会出现很大的涡流区，这时，升力会突然下降，而阻力却迅速增大，这种现象称为"失速"，翼型的失速如图81所示。失速刚刚出现时的迎角叫作临界迎角。

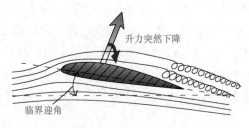

升力突然下降

临界迎角

图81　翼型的失速

▶▶减阻——飞机设计持续追求的目标

由于空气的阻滞，飞机在空中飞行时会产生阻力。飞机在飞行时，不但机翼上会产生阻力，飞机的其他部件如机身、尾翼和起落架等都会产生阻力，但机翼阻力占飞机总阻力的很大一部分。

低速、亚声速飞机上的阻力按其产生的原因不同可分为摩擦阻力、压差阻力、诱导阻力和干扰阻力等。当飞机进入跨声速之后，还会受到更大的激波阻力。

✤✤摩擦阻力

摩擦阻力是由于大气的黏性而产生的。当气流以一定速度流过飞机表面时，由于空气的黏性作用，空气微团与飞机表面发生摩擦,阻滞了气流的流动,因此产生了摩擦阻力。

摩擦阻力的大小取决于空气的黏性、飞机表面的状况、表面气流的流动情况以及同气流接触的飞机表面积的大小。空气的黏性越大,飞机表面越粗糙,飞机的表面积越大,则摩擦阻力越大。为了减小摩擦阻力,应在以下方面采取必要的措施:在设计时应尽可能缩小飞机与空气相接触的表面积;在制造过程中应将飞机表面做得很光滑,有的高速飞机甚至将表面打磨光;在维护及使用中,保持好飞机表面光洁度。

❖❖压差阻力

压差阻力是由于流过物体的气流,在物体的前、后存在压力差,导致物体前缘压力大,后缘压力小。压差阻力与物体的迎风面积有很大关系,物体的迎风面积越大,压差阻力越大。

物体的形状对压差阻力也有很大的影响。

如果把一个圆形平板垂直地放在气流中[图82(a)],由于气流受到平板前面的阻拦,平板前面压强迅速升高,而在平板后面形成了低压区,因此,会产生很大的压差阻力。

如果在圆形平板前加一个圆锥体[图82(b)],平板前面的高压区被圆锥体填满了,气流可以平滑地流过,压强不会急剧升高,虽然平板后面的低压区仍存在,但前、后压强差却大大减小,其压差阻力降为原平板压差阻力的五分之一

左右。

如果在圆形平板后面再加一个细长的圆锥体[图82(c)]，则低压区也被填满，整个流线体后面只出现很少的旋涡，此时的压差阻力只是原平板压差阻力的二十分之一左右。

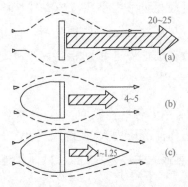

图 82　压差阻力的大小随物体形状的变化

要减小压差阻力，应尽可能将暴露在空气中的各个部件或零件做成流线型的外形，并减小迎风面积；对飞机的各个部件进行整流，如给不能收起的起落架和活塞式发动机加装整流罩。进行整流时也要选择合适的外形，如图83所示是流过不同形状物体的气流及产生的压差阻力。从图中可以看出，具有像翼型一样外形的物体，压差阻力最小。

❖❖诱导阻力

诱导阻力是伴随着升力而产生的，如果没有升力，诱导阻力也就等于零。因此,这个由升力诱导而产生的阻力叫作诱导阻力,又叫升致阻力。

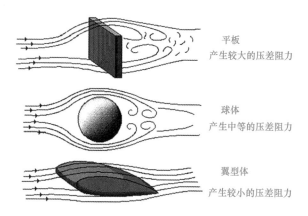

平板
产生较大的压差阻力

球体
产生中等的压差阻力

翼型体
产生较小的压差阻力

图83　流过不同形状物体的气流及产生的压差阻力

飞机的诱导阻力主要来自翼面,当飞机飞行时,下表面压强较大,上表面压强较小,由于机翼翼展的长度有限,下表面的气流就力图绕过翼尖流向上表面,气流绕翼尖的流动情况如图84所示。

图84　气流绕翼尖的流动情况

这样在翼尖处就不断形成旋涡。随着飞机向前飞行,旋涡就从翼尖向后流去,并产生向下的下洗流 ω,在下洗流的作用下,原来的气流速度由 v 变为 v',两者之间的夹角为 ε,气流绕翼尖的流动情况如图 85 所示。由 v' 所产生的升力 Y' 是垂直于 v' 的。而 Y' 又可分解为垂直于 v 的分量 Y 和平行于 v 的分量 D。其中,Y 起着升力的作用,而 D 则起着阻碍飞机飞行的作用。因此,由于下洗流的影响产生的这个附加的阻力就是诱导阻力。

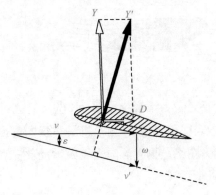

图 85　气流绕翼尖的流动情况

诱导阻力与机翼的平面形状、翼型形状、展弦比等有关。可以通过增大展弦比,选择适当的平面形状(如选择椭圆形的机翼平面形状),增加翼梢小翼等措施来减小诱导阻力。现代客机为了减小诱导阻力,往往在翼尖安装翼梢小翼,客机机翼上的翼梢小翼如图 86 所示。

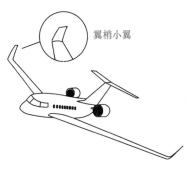

翼梢小翼

图 86　客机机翼上的翼梢小翼

✤✤✤干扰阻力

　　干扰阻力就是飞机各部件组合到一起后由于气流的相互干扰而产生的一种额外阻力。它使得飞机的各个部件,如机身、机翼和尾翼等,单独放在气流中所产生的阻力总和并不等于它们组合在一起所产生的阻力,而且往往是后者大于前者。

　　如图 87 所示,当把机翼和机身组合到一起时,机身和机翼之间就形成了一个先收缩后扩张的通道。这种通道使得气流在流动的过程中压强由小变大;因此,导致后边的气流有往前回流的趋势,并形成一股逆流。这股逆流与不断由通道流过来的气流相遇,产生很多的旋涡,从而产生了一种额外的阻力,即由各部件相互干扰而产生的干扰阻力。

　　干扰阻力和飞机不同部件之间的相对位置有关,因此,在设计时要妥善地考虑和安排各部件的相对位置,必要时在

航空飞行的终极奥秘

这些部件之间加装流线型的整流片，使连接处圆滑过渡，尽量减小旋涡的产生。采用整流片减小干扰阻力如图87所示。

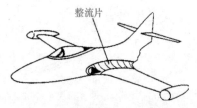

整流片

图87　采用整流片减小干扰阻力

以上是低速飞机所产生的四种阻力。飞机在接近声速和超过声速飞行时所产生的阻力，除了以上四种阻力之外，还有激波阻力。

❖❖❖激波阻力

飞机在空气中以接近声速飞行时，空气遭到飞机强烈的压缩而形成激波。空气在通过激波时，受到薄薄一层稠密空气的阻滞，使得气流速度急剧降低，由阻滞产生的热量来不及散布，于是加热了空气。加热所需的能量由消耗的动能而来。在这里，能量发生了转化——由动能变为热能。动能的消耗表示产生了一种特别的阻力。这一阻力由于随激波的形成而来，所以就叫作激波阻力，简称为波阻。从能量的观点来看，波阻就是这样产生的。

不同头部形状的机翼和机身，在进行超声速飞行时，所产生的激波形式是不一样的。如图88所示为不同头部形状对激波的影响,钝头机翼和机身所产生的激波为正激波,尖头机翼和机身所产生的激波为斜激波。正激波的阻力远大于斜激波的阻力。因此超声速飞机往往都采用尖前缘机翼和尖机头。

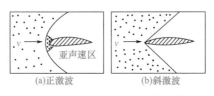

(a)正激波   (b)斜激波

图88 不同头部形状对激波的影响

除了采用尖前缘机翼和尖机头外,使用后掠翼、采用超临界翼型,都可以在一定程度上减小波阻。因此,通过观察机翼前缘的尖锐程度、机翼的后掠角可以大致判断飞机是低速飞机、亚声速飞机还是超声速飞机。

亮点小知识:无动力滑翔飞行

滑翔机是一种没有动力装置,重于同体积空气的固定翼航空器。在无风情况下,滑翔机在下滑飞行中依靠自身重力的向前分量获得前进动力,这种损失高度的无动力下滑飞行称为滑翔。在上升气流中,滑翔机可像老鹰展翅那样平飞或升高,这种飞行通常称为翱翔。

　　美国亿万富翁冒险家史蒂夫·福塞特和挪威飞行员埃纳·恩纳沃德森驾驶一架轻型滑翔机，2006 年曾创造 1.5 万米的飞行高度纪录。两名新西兰滑翔机飞行员，2009 年曾创造 2 501 千米的连续飞行纪录，他们在 8 500 米的高空连续飞行 15 小时后降落。

太空飞行的神奇规律

> 宇宙航行不是一个人或某群人的事，这是人类
> 在其发展中合乎规律的历史进程。
>
> ——加加林

　　所有航天器都必须经历离开地面、穿越大气层、进入太空的阶段，有些航天器最后还要重新进入大气层并返回地面。航天器在空间航行的轨迹称为轨道，要进入这些轨道需要有不同的速度以克服地球引力的作用。航天器进入轨道和返回地球需要遵照航天器的飞行原理。

▶▶周而复始的天体运动

　　航天器需要在轨道运行段完成航天飞行的全部飞行任务。在轨道飞行的航天器，绝大部分时间是在地球引力的作用下无动力惯性飞行的。航天器轨道动力学从古典天体力学发展而来，专门用于研究这种飞行规律。天体力学研究自然天体（如月球、行星）的运动规律，从本质上讲航天器与自

然天体的运动规律是一致的。因此,研究航天器的运动可运用天体力学的方法,即遵循天体力学普遍存在的规律——万有引力定律和开普勒三大定律。

▶▶挣脱束缚的宇宙速度

根据牛顿万有引力定律,地球对于其表面的物体自然有引力作用,因此任何物体要想从地球出发进入太空就必须克服这一引力。而物体要做圆周运动,必须有向心力来平衡离心力。因此,任何物体要想围绕地球运行,就必须满足地球对它的引力与它做圆周运动产生的离心力平衡的条件。三个宇宙速度如下:

第一宇宙速度,根据圆周运动的公式可知,绕地球做圆周运动的物体必须达到一定的速度。该速度就称为第一宇宙速度(又称为环绕速度),它也是在地球上发射的航天器绕地球飞行做圆周运动所需的最小初始速度。根据相关公式计算,该速度约为 7.9 千米每秒。

第二宇宙速度,即离开地球束缚的逃逸速度,是指在地球上发射的物体摆脱地球引力束缚,飞离地球所需的最小初始速度。根据相关公式计算,该速度约为 11.2 千米每秒。

第三宇宙速度,即离开太阳束缚的逃逸速度,是指在地球上发射的物体摆脱太阳引力束缚,飞出太阳系所需的最小初始速度。根据相关公式计算,该速度约为16.7 千米每秒。

月球还未超出地球的引力范围,从地面发射的月球航天器,速度不小于 10.85 千米每秒即可。

这样归纳起来,可以看出航天器要想成功环绕地球飞行或飞向其他星球,最为关键的条件就是达到一定的速度,否则就无法进入预定的轨道。不少国家也在尝试进行航天器的发射,但很多国家都没能成功入轨,其原因就是这些航天器没有达到所要求的飞行速度。

▶▶卫星驰骋的空间高速

卫星轨道是指从运载火箭与卫星分离开始,到卫星返回地面前为止,卫星质心的运动轨迹,但通常是指卫星在太空长期运行的轨道。

有些轨道是椭圆形(或圆形)的,具有周而复始性,人造地球卫星在入轨后的运行轨道就是这种;而有些轨道则是双曲线形(或抛物线形)的,卫星一去不返,如飞往其他行星的轨道。具体的轨道形式取决于卫星/火箭分离点的位置和速度。根据卫星承担的任务不同,卫星轨道可以有多种划分方式。

❖❖圆轨道和椭圆轨道

不同的轨道高度有不同的圆轨速度,如果入轨速度的方向和当地水平线平行,且大小能达到相应的速度,就可以形成圆轨道。入轨速度的大小和方向这两个条件,只要有一个不满足,就会形成椭圆轨道,严重的还不能形成轨道而进入大气层陨毁。因此,实际运动中的卫星轨道没有一条是偏心率正好等于 0 的圆轨道。但是为了设计和计算上的方便,

把偏心率小于 0.1 的轨道近似地看作圆轨道或近圆轨道，除此之外，都是椭圆轨道。

❖❖ 顺行轨道和逆行轨道

轨道的顺行和逆行是以卫星飞行方向来区分的。从北极看，凡卫星飞行方向和地球自转方向相同的轨道，就是顺行轨道[图 89(a)]，与此相反的叫作逆行轨道[图 89(b)]。从运载火箭发射方向看，凡向东或东北或东南方向发射的卫星，形成的轨道是顺行轨道；而向西或西北或西南方向发射的卫星形成逆行轨道。

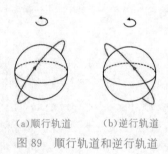

(a)顺行轨道 　　　 (b)逆行轨道

图 89　顺行轨道和逆行轨道

❖❖ 极轨道和赤道轨道

轨道平面与地球赤道平面的夹角称为轨道倾角。轨道倾角在 90°附近的卫星轨道叫作极轨道[图 90(a)]。轨道倾角为 0(顺运行)或 180°(逆运行)的卫星轨道叫作赤道轨道[图 90(b)]。

在极轨道上运行的卫星每圈都经过南、北两极，气象卫星、地球资源卫星常采用这种轨道，以便俯瞰包括两极在内的整个地球表面，实现全球覆盖。我国发射的"嫦娥"一号月球探测器采用的就是极轨道。

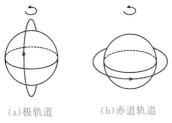

(a)极轨道　　　　(b)赤道轨道

图90　极轨道和赤道轨道

✤✤✤ **低轨道、中轨道与高轨道**

习惯上,把卫星飞行高度(距离海平面)小于2 000千米的轨道称为低轨道(又称近地轨道),但考虑到大气阻力的缘故,卫星轨道通常不低于300千米。在低轨道运行的航天器的轨道周期通常在2小时以内。常见的低轨道卫星有地球观察卫星、侦察卫星、遥感卫星,"哈勃"太空望远镜、载人航天器也处于低轨道。载人航天器的轨道高度的范围通常在300～400千米。

通常把卫星飞行高度在2 000～35 786千米的轨道称为中轨道,轨道周期在2～24小时。导航卫星、通信卫星、空间环境科学卫星通常都使用中轨道。20 000千米高度的中轨道最为常用,像GPS全球定位系统、"北斗"卫星导航系统、"伽利略"卫星导航系统、"格洛纳斯"卫星导航系统等轨道高度就在此附近。

卫星飞行高度大于35 786千米的轨道称为高轨道,轨道周期大于24小时。高轨道通常被通信卫星所使用。

❖❖❖**地球同步轨道**

运行周期与地球自转周期相同的顺行轨道就是地球同步轨道。对地面上的观察者来说，每天相同时刻卫星会出现在相同的地方。

如果这种轨道的平面与赤道平面的夹角接近 0，则在地面上的观察者看来，在这种轨道上运行的卫星是静止不动的，因此称为地球静止轨道，在地球静止轨道上运行的卫星称为静止卫星。静止卫星距地面为 35 786 千米，飞行速度为 3.07 千米每秒。

地球同步轨道的精度要求很高，稍有偏差卫星就会偏离静止位置，因此要求卫星必须具有轨道修正能力。地球同步轨道广泛应用于通信卫星、广播卫星、气象卫星和数据中继卫星等方面。一颗静止卫星可以覆盖地球表面约 40% 的面积，因此理论上有三颗卫星就能覆盖全球（除两极地区）。

此外，还有太阳同步轨道，在此不做详细介绍。

❖❖❖**地球同步转移轨道**

地球同步转移轨道是指近地点在 1 000 千米以下、远地点为地球同步轨道高度（35 768 千米）的椭圆轨道。

这种轨道是作为地球同步轨道或地球静止轨道的转移轨道。在发射地球同步卫星时，首先使卫星进入地球同步转移轨道，然后在远地点处启动星上变轨发动机，使其变为所需的目标轨道。

在发射月球飞船时,也可先将飞船发射至地球同步转移轨道,然后在近地点处用飞船发动机给飞船加速。由于飞船在地球同步转移轨道的近地点时速度很大,要把它的轨道变为地月转移轨道,只需在近地点处提供较小的速度增量,这比将近地圆形停泊轨道变成地月转移轨道而言,大大减小了对速度增量的需求。

▶▶ 主动应变的卫星轨道

人造卫星在轨道运行时,一方面要受到外界因素的影响,导致轨道改变;另外一方面可以通过调整火箭向外喷气改变原有轨道。前者称为轨道摄动,后者称为轨道机动。

➡➡ 轨道摄动

人造地球卫星在太空运行中要受到太阳引力、月球引力、其他天体引力、大气阻力和太阳光辐射压力等对其运动的影响。由于这些力的大小远小于地心引力的大小,故将这些力统称为干扰力或摄动力。考虑摄动力作用所得到的航天器运动轨道与不考虑摄动力作用所得到的(理想)轨道之间存在一定的偏差,我们把摄动力对航天器轨道的影响称为轨道摄动。

➡➡ 轨道机动

航天器在控制系统的作用下可以按照人们的要求使轨道发生改变,也就是说航天器可以从某一已知的轨道运动改变为另一条要求的轨道运动,这种有目的的轨道变动,称为

太空飞行的神奇规律

轨道机动。轨道可以改变是人造天体与自然天体的最大不同。

航天任务常要求航天器从高轨道转移到低轨道，或从低轨道转移到高轨道，这要依靠轨道机动；当两个航天器交会与对接，或要求军用航天器移动到特定区域执行对地观测任务时，也要依靠轨道机动；消除摄动因素对轨道的影响和消除入轨点运动参数偏差的影响，同样离不开轨道机动。因此轨道机动包括轨道改变、轨道转移、轨道交会、轨道返回、轨道保持和修正等多个方面。

轨道机动要求航天器安装具有喷气推力装置的轨道机动系统或轨道控制系统。轨道机动所需的推力由动力装置提供，通常采用可以多次点火启动的火箭发动机。

亮点小知识：借卫星观测哈雷彗星

1978年8月12日，美国在航天专家罗伯特·法夸尔的主持下，发射了"国际日地探险者"Ⅲ号卫星，用于探测太阳粒子。这个卫星运行5年后即将退役时，恰好遇上国际上的哈雷彗星观测热。俄罗斯、部分欧洲国家和日本都争相发射了彗星探测器，而美国的探测计划则由于预算没有获批而搁浅。

有一天，罗伯特向美国国家航空航天局（NASA）提出了借"国际日地探险者"Ⅲ号卫星的想法，他想通过多次变轨和向月球借力的方式让该卫星进入观测哈雷彗星的轨道。当时,该想法遭到很多专家的反对,但考虑到该卫星已经完成了既定任务,最终得到了 NASA 的批准。

1985 年 9 月,在世界上其他国家发射的卫星到达哈雷彗星之前,这颗卫星就已经在途中穿越并探测了另外一颗彗星,1 年后该卫星又成功探测了哈雷彗星。因为罗伯特设计的这条轨道,正好能穿越两颗彗星的彗尾。这颗卫星也被改名为"国际彗星探险者"。

在完成彗星探测计划后,罗伯特又设计了另一条更为复杂的轨迹,让"国际彗星探险者"卫星时隔多年后回归地球。

▶▶精确优选的发射入轨

运载火箭从地面起飞后,需要到达某一飞行高度和飞行速度,才能把航天器送入运行轨道,这段飞行轨迹称为发射轨道。航天器进入运行轨道的过程称为入轨,进入运行轨道时的初始位置称为入轨点,入轨点也是运载火箭最后一级推力的终止点。航天器入轨点的运动状态参数(如位置、速度等)决定了航天器运行的轨道要素。航天发射的任务是运载火箭在入轨点满足给定的运动状态参数,把航天器送入预定的运行轨道。当航天器的实际运行轨道偏差在设计要求范围内时称为精确入轨。

航天器的发射轨道由若干个动力段和自由飞行段组成,由于入轨高度有一定的要求和出于节省能量的考虑,或为了满足特定的入轨位置要求,各级发动机通常不是连续工作

的,只有在入轨高度较低而且没有入轨位置要求时才采用发动机连续工作的方式。设计运载火箭发射轨道需要满足运载火箭在入轨点的运动状态要求,从而把航天器送入预定的运行轨道。根据入轨情况不同,运载火箭的发射轨道可分为直接入轨、滑行入轨和过渡入轨三大类型。

亮点小知识:东风航天城

酒泉卫星发射中心的别名为"东风航天城"(图91)。该名称的由来颇有军工单位的特色,20世纪60年代时,酒泉卫星发射中心与北京三个总部的有线电话长途通信的秘密代号为"东风",所以基地一直沿用了"东风基地"这一名称。1992年8月11日,江泽民同志在视察基地时欣然题写了"东风航天城",从此人们就正式把这里叫"东风航天城"了。

东风航天城自创建以来,曾为中国航天事业的发展创造过多个骄人的第一:1970年4月24日,中国的第一颗人造地球卫星在这里升起;1980年5月18日,第一枚远程弹道导弹在这里飞向太平洋预定海域;2003年10月15日,第一艘载人飞船"神舟五号"从这里成功发射……

图91 东风航天城

▶▶探寻九天的星际航行

➡➡登月环月轨道

常用的登月轨道是首先将航天器发射到环绕地球的停泊轨道,然后根据停泊轨道的实际轨道参数,选择时机将航天器送入地月转移轨道。当航天器飞到月球引力范围内时,将进入点的速度换算成相对于月球的速度,此速度一般已超过月球的逃逸速度,若不加以控制,航天器将沿着双曲线轨道飞越月球或在月球上硬着陆。为了使航天器进入环月轨道,必须对航天器进行减速,当减速到等于月球的环绕速度时,进入环月飞行轨道。若想在月球上软着陆,可在环月轨道上启动制动火箭,使航天器离开环月轨道向月球表面降落,并利用减速装置和缓冲装置实现软着陆。

➡➡行星际航行轨道

航天器脱离地球引力进入太阳系航行,称为行星际航行。若脱离太阳系引力到恒星际航行,则称为恒星际航行。目前人类的星际航行仅限于在太阳系内的行星际航行。

行星际航行轨道可分为靠近目标行星飞行的飞越轨道、环绕目标行星飞行的行星卫星轨道、在目标行星表面着陆的轨道、人造行星轨道(日心轨道)和飞离太阳系轨道。

发射探测行星或太阳的航天器时,一般先要进入绕地球

太空飞行的神奇规律

飞行的停泊轨道。在这一轨道上飞行时，首先由测控站计算飞向行星的最佳路线和出发时间；然后，航天器加速，以相对于地球的逃逸速度，沿双曲线轨道，脱离地球引力作用，进入日心轨道，成为人造行星。此时，航天器相对于地球的逃逸速度应换算成相对于绕太阳飞行的人造行星轨道速度。

航天器沿日心轨道飞行的过程中，到达某个行星的引力作用球（行星的引力作用范围）边界时，航天器的日心轨道速度要换算成相对于该行星的飞行速度，这个速度也达到了相对于该行星的逃逸速度。航天器以双曲线轨道在该行星作用球内飞行。如果双曲线轨道和行星相遇，则航天器将与行星相撞，产生硬着陆。

为了使航天器能长期对行星进行探测，或在行星上实现软着陆，就必须使航天器减速，达到围绕该行星飞行的椭圆（或圆）轨道速度。这样航天器就能被行星引力场捕获，成为该行星的人造卫星，它运行的轨道就是行星卫星轨道。根据任务需要，航天器也可以进行轨道机动或降低轨道高度，以利于在航天器上拍摄行星照片，或向行星上释放小型着陆舱等。

如果要在行星上软着陆，可先从航天器上分离着陆舱，着陆舱脱离行星卫星轨道，向行星表面飞行。此后，启动着陆舱上的动力减速装置或利用行星大气阻力减速，最终实现在行星上软着陆。着陆过程中和着陆后的探测数据可通过在行星卫星轨道上运行的探测器发回地球。

此外,也可利用行星引力场助推,使航天器进一步加速,掠过这颗行星,飞向另外一颗行星。经过几次引力场助推后,甚至可使航天器获得脱离太阳系的速度,飞离太阳系。

亮点小知识:空间探测时不我待

空间探测的时间往往需要几年甚至十几年,飞行距离以亿千米计。如"尤利西斯"号探测器历经4年才到达太阳南极区域;"信使"号探测器经过6年半、长达79亿千米的旅程才到访水星;"罗塞塔"号彗星探测器历经10年才抵达待观察彗星;而"旅行者"号(图92)历经1年多才飞抵木星、历经12年才飞抵天王星,飞行30多年、近200亿千米才到达太阳系边缘;"新视野"号探测器历时9年、飞行48亿千米才抵达冥王星。

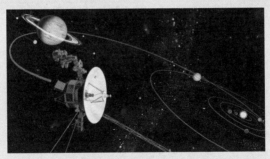

图92 "旅行者"号空间探测器对行星的访问

这些被访问的星体与地球的距离也一直在变化，最近距离和最远距离相差甚大。如火星与地球的最近距离约为5 500万千米、最远距离则超过4亿千米，向火星发射探测器每两年才能有一次最佳机会，因为此时两者比较接近。20世纪70年代"旅行者"号探测器得以成行的重要原因，就是当时木星、土星、天王星和海王星都运行至排列成一个队列的理想位置，发射探测器一次旅程能访问这四个行星，而如果错过这次机会就要再等近200年。

因此，考虑到地球和待访星体的距离遥远，且两者之间的最近距离和最远距离相差甚远，开展空间探索就需要抓住稍纵即逝的难得时机，这对各方面的条件都提出了非常高的要求。

▶▶ 挑战神经的航天回收

航天器的回收是返回式航天器在整个飞行过程中，最复杂也是最具挑战的阶段，扣人心弦、挑战神经。

航天器的回收可以选择陆地降落（图93）、海面溅落（图94）或者在空中直接钩取（图95）三种方式，因此有相应的陆上回收系统、海上回收系统和空中回收系统。

100

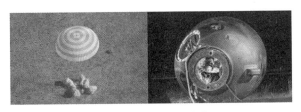

图 93　飞船在陆地降落

　　由于航天器从太空再入地球大气层时的飞行速度非常大，需要采用一定的方式进行减速。飞船、返回式卫星等采用钝头体再入大气层，可以较好地减速，然后打开减速伞进一步减速，最后在接近地面时启动缓冲火箭或缓冲气囊减小接地速度和着陆冲击，也可以采用溅落在海面的方式减小冲击。航天飞机再入大气层时，可采用大迎角机腹迎风的方式减速，最后像飞机一样在跑道上着陆。但不论采用何种方式减速，在航天器再入大气层的过程中，都会产生严重的气动加热现象，温度高达上千摄氏度甚至更高，因此必须在航天器表面采用防热措施。

图 94　飞船在海面溅落　　图 95　直升机空中钩取返回式卫星

▶▶危机四伏的空间飞行环境

空间飞行环境是一个失重、低温、真空、强辐射的极其严酷的综合环境,这对人类征服太空来说是一个严峻的挑战。

太空本身是没有温度的,它所表现出来的只是太空中物体的温度。当航天器在太空中飞行时,没有空气传热和散热,因此受到阳光直射的一面,温度高达 100 ℃以上,而背阴面,温度则可能低至－200～－100 ℃。

在距离地面 50 千米以内的空间里,集中了大气中 99.9％的气体。同时,随着高度的增加、大气密度的下降,大气压也在逐渐降低。有数据显示,离地表 100 千米左右处的大气压只有地面附近的大气压的百万分之一,接近真空状态。

在太空中,不仅有宇宙大爆炸时留下的辐射,还有各种天体向外辐射出的电磁波,许多天体还向外辐射高能粒子,形成宇宙射线。例如,人们把太阳上发生耀斑时发射出的高能带电粒子流称为太阳粒子辐射。将它辐射出的射电波、红外光、可见光、紫外线和 X 射线等统称为电磁辐射。许多天体都有磁场,可以俘获高能带电粒子,并因此形成辐射很强的辐射带,如地球的上空就有内、外两条辐射带。

▶▶稳健精准的姿态控制

为了对航天器的轨道进行调整,需要把航天器发动机的推力方向调到所需要的方向；为了执行任务，卫星上的仪器需要向某个天体定向发射；为执行不同任务，卫星需要由一种姿态转移到另一种姿态。这些过程统称为姿态控制。

姿态控制方式有两类，分别是被动式姿态控制和主动式姿态控制。

不消耗卫星自身能源而进行的姿态控制称为被动式姿态控制，包括重力梯度稳定控制和自旋稳定控制。

消耗卫星自身能源而进行的姿态控制称为主动式姿态控制，包括喷气控制、零动量轮控制、偏置动量轮控制、陀螺力矩器控制和混合式控制。

飞行器的"心脏"

> 这是我一个人的一小步，但却是人类的一
> 大步。
>
> ——阿姆斯特朗

俗话说"火车跑得快，全靠车头带"，可见发动机的重要性。在飞行器上，发动机也同样重要，它是飞行器的"心脏"，是飞行器技术发展的基石。飞行器发动机的种类很多，其用途和特点也各不相同。图96给出了航空航天发动机大家族的"家谱"。

▶▶经久不衰的活塞式发动机

活塞式发动机的主要本领是将燃料燃烧的热能转化为螺旋桨转动的机械能。螺旋桨高速旋转时，能够带动周围空气加速向后流动，空气则对螺旋桨产生向前的反作用力，从而推动飞行器向前飞行。

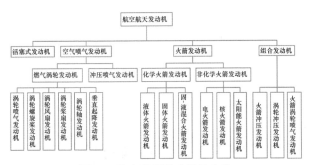

图 96　航空航天发动机的分类

　　活塞式发动机是第一种航空航天发动机,在航空发动机大家庭里绝对是老资历。它结构简单,便于维护,寿命长,燃油效率高。但是这种发动机推重比低,并且体积偏大,显得比较笨重。目前,活塞式发动机多用于小型民用航空器,如轻型飞机(图 97)和轻型直升机等。

图 97　安装在轻型飞机上的活塞式发动机

▶▶勇挑重担的空气喷气发动机

　　空气喷气发动机利用向后喷射高速气流,直接产生向前的反作用力,来推动飞行器前进。这与乌贼在水中向后喷水

产生向前的推力的原理类似（图98）。这也是牛顿第三定律的直接应用：两个物体之间的作用力和反作用力，总是同时在一条直线上，大小相等，方向相反。

图98　乌贼的运动形式

这类发动机依靠大气层中的氧气作为氧化剂，与所携带的燃料燃烧产生高温高压气体向后喷射，因此只能作为在大气层内飞行的航空器的动力。按具体结构的不同，空气喷气发动机又可分为燃气涡轮发动机和冲压喷气发动机。空气喷气发动机与活塞式发动机相比，推重比高，体积小，随高度变化其功率下降不是很明显；但是维护复杂且燃油效率较低，可谓"身体娇贵、饭量还大"。

燃气涡轮发动机是目前应用最广泛的航空航天发动机，它主要由压气机、燃烧室和涡轮三大部件组成。空气首先在压气机中被压缩，然后进入燃烧室，与喷入的燃油混合后燃烧，生成高温高压燃气。燃气在剧烈膨胀过程中驱动涡轮高速旋转，将部分能量转变为涡轮高速旋转的机械能。涡轮带动压气机不断吸进空气并进行压缩，使发动机连续工作。此外，涡轮还可以驱动风扇和螺旋桨等其他部件。燃气通过涡轮后还以一定的速度喷出,并产生一定的推力。

压气机、燃烧室和涡轮这三大部件,组成了燃气涡轮发动机的核心机。按核心机出口燃气可用能量的利用方式不同,燃气涡轮发动机分为涡轮喷气发动机、涡轮螺旋桨发动机、涡轮风扇发动机、涡轮桨扇发动机、涡轮轴发动机和垂直起降发动机等。

❖❖涡轮喷气发动机

涡轮喷气发动机由进气道、压气机、燃料喷射器、燃烧室、涡轮和尾喷管等部件组成。图99是涡轮喷气发动机的组成。涡轮喷气发动机是其他燃气涡轮发动机的基础,其他各种燃气涡轮发动机,都是站在涡轮喷气发动机这个"巨人"的肩膀上发展起来的。

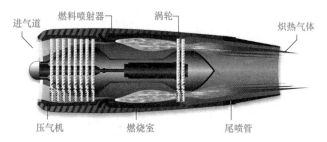

进气道　燃料喷射器　　涡轮　　　　　炽热气体

压气机　　　燃烧室　　　尾喷管

图99　涡轮喷气发动机的组成

❖❖涡轮螺旋桨发动机

涡轮螺旋桨发动机是在涡轮喷气发动机的基础上,通过增加与涡轮相连的减速器来驱动螺旋桨而发展起来的,是一种主要由螺旋桨提供拉力(90%左右拉力)、燃气提供少量推

飞行器的"心脏"

力(10％左右推力)的燃气涡轮发动机,如图100所示。

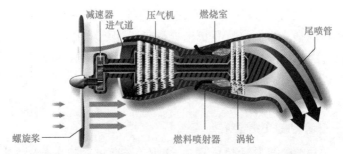

图 100　涡轮螺桨发动机的组成

　　涡轮螺旋桨发动机与活塞式发动机相比,具有功率质量比大、耗油率低的特点,可谓"身体轻盈、饭量小";另外,还具有振动小和高空性能好的优点。因此,由于螺旋桨的排气量远比涡轮喷气发动机的排气量大,涡轮螺旋桨发动机在低亚声速(700 千米每小时以下)飞行时效率较高,耗油率小,经济性能好。涡轮螺旋桨发动机多用于低亚声速运输类飞机(图 101)。

图 101　采用涡轮螺旋桨发动机的客机

✤✤涡轮风扇发动机

涡轮风扇发动机是在涡轮螺旋桨发动机的基础上发展起来的。把螺旋桨的直径缩短，增加桨叶的数目和排数，并将所有的桨叶叶片包在机匣内，就成为一台涡轮风扇发动机。其组成如图 102 所示。

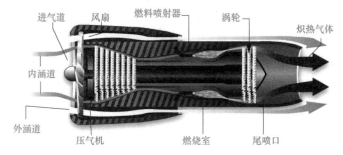

图 102　涡轮风扇发动机的组成

较之涡轮喷气发动机，涡轮风扇发动机有更高的效率，是现代高亚声速飞机和超声速飞机普遍采用的喷气发动机，如图 103、图 104 所示。

图 103　民航客机用涡轮风扇发动机

图 104　用于 F-22 飞机的涡轮风扇发动机

亮点小知识:喷气发动机中的"大力士"

　　世界上推力最大的喷气发动机,是由美国通用电气公司研制的 GE9X,其最大推力可达 61 吨。此前,GE9X 的前身 GE90-115B 发动机是吉尼斯世界纪录中记载的世界上推力最大的航空发动机,它是一款高涵道比商用涡轮风扇发动机,在地面台架试验中曾经达到过 56.9 吨的最大推力。该发动机于 1995 年 11 月正式投放商业市场,主要用于波音 777 系列客机。

❖❖涡轮桨扇发动机

　　涡轮桨扇发动机可用于 800 千米每小时以上速度飞行的飞机,是一种燃气涡轮螺旋桨风扇发动机,简称涡轮桨扇发动机。这种发动机介于涡轮风扇和涡轮螺旋桨发动机之间,产生推力的装置是桨扇。桨扇无外罩壳,故又被称为开式风扇,如图 105 所示。桨扇一般有 8～10 片桨叶,桨叶薄而后掠,桨盘直径仅为涡轮螺旋桨发动机中螺旋桨的40％～50％。

图 105　涡轮桨扇发动机

涡轮桨扇发动机的突出优点是，较之涡轮螺旋桨发动机适用的飞行速度高，而较之涡轮风扇发动机推进效率高且省油。不过目前使用涡轮桨扇发动机的飞机并不多，典型的代表有"安-70"运输机，如图 106 所示。

图 106　使用涡轮桨扇发动机的"安-70"运输机

✥✥✥ 涡轮轴发动机

涡轮轴发动机是现代直升机的主要动力，它的组成部分和工作过程与涡轮螺旋桨发动机很相似。所不同的是燃气的一部分可用能量驱动压气机涡轮带动压气机转动，而大部分能量转变成自由涡轮的轴功率，用于通过减速器带动直升机的旋翼和尾桨旋转。而从尾喷口喷出的燃气基本上不提供推力，如图 107 所示。由于直升机的旋翼和尾桨转速较低，因此涡轮轴和旋翼之间有必要加装减速装置进行减速。

采用涡轮轴发动机的直升机无论是航程、速度、升限还是装载量上都比采用活塞式发动机的直升机要大，经济性也更好。现代直升机基本上都首选涡轮轴发动机（图 108）。

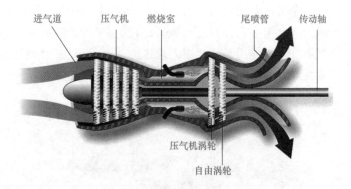

进气道　　压气机　燃烧室　　　　　尾喷管　传动轴

压气机涡轮

自由涡轮

图 107　涡轮轴发动机的组成

图 108　采用涡轮轴发动机的直升机

❖❖垂直起降发动机

　　这里所说的垂直起降发动机，是指在涡轮喷气或涡轮风扇发动机的基础上发展起来的一种既可用于垂直起降又可用于水平飞行的燃气涡轮发动机，它是垂直起降飞机能够垂直起降的"法宝"。垂直起降发动机在飞机起飞、着陆和悬停时，将发动机产生的大部分功率用于向下喷气或驱动向下产生推力的升力风扇。

　　目前主要有两种形式的垂直起降发动机:应用于英国"鹞"式战斗机(图 109)的可转喷口的涡轮风扇发动机(图 110),以及用于美国 F-35 战斗机(图 111)的升力风扇与可偏转尾喷口发动机(图 112)。

图 109　"鹞"式战斗机

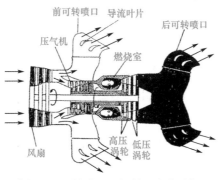

图 110　可转喷口的涡轮风扇发动机

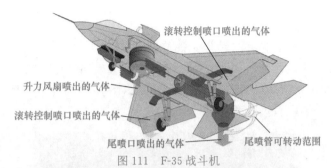

滚转控制喷口喷出的气体

升力风扇喷出的气体

滚转控制喷口喷出的气体

尾喷口喷出的气体

尾喷管可转动范围

图 111　F-35 战斗机

升力风扇

涡轮喷气发动机

可偏转尾喷口

图 112　升力风扇与可偏转尾喷口发动机

➡➡ 冲压喷气发动机

除了上述几种带有涡轮的喷气发动机外，还有没有压气机和涡轮旋转部件的冲压喷气发动机。冲压喷气发动机与燃气涡轮发动机的不同之处在于：没有专门的压气机，要靠飞行器高速飞行时的相对气流进入发动机进气道后减速，将动能转变成压力能，使空气静压提高。燃油和空气在燃烧室混合并燃烧后从喷管中高速喷出。它通常由进气道、燃烧室和尾喷管三部分组成，其组成如图 113 所示。由于没有压气机和涡轮等转动部件，因此结构大大简化。

114

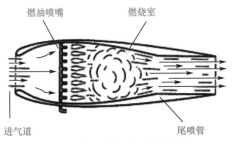

图 113　冲压喷气发动机的组成

　　冲压喷气发动机与燃气涡轮发动机相比,构造简单,质量轻,推重比大,成本低;在高速飞行的状态下,经济性好、耗油率低,是航空航天发动机"家族"的"速度型选手"。但由于其在低速飞行时推力小、耗油率高,静止时根本不能产生推力,因此不能自行起飞,必须要使用助推器助飞。同时,冲压喷气发动机对飞行状况的变化较为敏感。

　　冲压喷气发动机主要应用于高速飞行器,如靶机和飞航式战术导弹。冲压喷气发动机还是高超声速飞行器的动力装置。

▶▶飞入太空的火箭发动机

　　火箭发动机不依赖于空气而工作,完全依靠自身携带的氧化剂和燃料产生高温、高压气体,是航空航天发动机家族的"自备养料者"。因此可以在高空和大气层外使用。

　　若按形成喷气流动能的能源不同,则火箭发动机可分为化学火箭发动机和非化学火箭发动机。导弹和火箭基本上

都使用火箭发动机,如图114所示。卫星也使用小的火箭发动机进行姿态调整和变换飞行轨道。

目前使用最多的是化学火箭发动机。化学火箭发动机的工作原理是将燃烧剂和氧化剂在燃烧室进行燃烧,将化学能转变成热能,生成高温燃气,经尾喷管喷出而产生推力。

图114　火箭发动机

燃烧剂和氧化剂统称为推进剂。按推进剂类型的不同,化学火箭发动机可分为液体火箭发动机、固体火箭发动机和固-液混合火箭发动机。我国古代发明的火箭发动机就是一种固体火箭发动机。

亮点小知识:火箭发动机中的"巨无霸"

起飞质量排前两名的运载火箭是美国的"土星"5号和苏联的"能源"号,前者的起飞质量为2 946吨,后者的起飞质量为2 400吨;前者的起飞推力为34 029千牛,后者的起飞推力为 34 833 千牛;前者可以把 120 吨的有效载荷送入近地轨道,多次成功地把"阿波罗"载人飞船送入月球轨道;后者可以把 105 吨的有效载荷送入近地轨道。将如此重的火箭托起,自然需要推力特别大的火箭发动机。在"土星"5 号的第一级底部,配备着 5 台巨型的 F-1 火箭发动机(图 115),单台海平面的推力约为 680 吨。另报道称,俄罗斯正在研制的 RD-171MV 液体火箭发动机的推力会超过 800 吨。

图 115　用于"土星"5 号运载火箭的 F-1 火箭发动机

▶▶各领风骚的航空航天发动机

不同类型的发动机由于其结构和产生推力的原理不同,因此有其各自比较适合的速度和高度范围,图 116 所示为各类发动机的适用范围情况。其中,a 为活塞式发动机,b 为涡

轮螺旋桨发动机，c 为涡轮风扇发动机，d 为涡轮喷气发动机，e 为带加力燃烧室的涡轮喷气（风扇）发动机，f 为亚声速燃烧的冲压喷气发动机，g 为超声速燃烧的冲压发动机，h 为火箭喷气发动机。

　　由于不同的发动机有不同的适用范围，如果单独使用一种发动机，在应用过程中有时会面临一些局限性，因此在实际应用中有时还将两种或两种以上不同类型的发动机进行组合，以匹配更宽的飞行范围。这种发动机的组合包括空气喷气发动机之间的组合，以及空气喷气发动机与火箭发动机之间的组合等。这种组合扩大了发动机的使用范围。

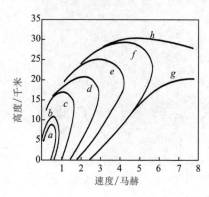

图 116　不同发动机所适用的速度和高度范围

安全飞行万里行

> 飞机就像灵魂，它们有一对翅膀，经久耐用。即便我离开这个尘世，它们依然可以翱翔蓝天。
>
> ——达索

空难通常会成为大家关注的焦点，且空难发生后很多情况是灾难性的机毁人亡。因此，人们有时会认为坐飞机旅行并不安全。但实际上从各种交通方式造成事故死亡人数的统计结果不难看出，航空仍是各种交通方式中最安全的。

▶▶安全飞行最重要

安全性是航空器首先需要保证的特性。没有安全性，一切都无从谈起。为了强调安全的重要性，并保证航空器的安全，国际上还出台了专门的条例，并强制执行。以民航客机为例，适航管理部门制定了强制性的适航条例，只有经过适航条例审查并通过的飞机才能投入市场运行。

适航条例只是安全性的最低标准。各民航客机的研制商为了获得航空公司和乘客的满意,所研制的客机性能要远远超出适航条例的要求。

适航管理部门把客机的安全等级分为四类,见表3。表中的发生频率,实际上也是飞机可靠性的衡量标准,发生频率越小,可靠性越好。

表3　民航客机的安全等级

安全等级	事故性质	发生频率/小时	后果
IV类	轻微故障	$1\times10^{-3}\sim1\times10^{-2}$	使用受到限制;需要改变飞行计划和启动应急程序;对乘客造成不便,但无伤害
III类	重大故障	$1\times10^{-7}\sim1\times10^{-5}$	飞行安全裕度明显降低,对机组人员造成困难,乘客轻度受伤害
II类	危险性故障	$1\times10^{-9}\sim1\times10^{-7}$	安全裕度严重降低;机组人员不可能完全或准确完成任务;造成人员严重伤害,少数乘员死亡
I类	灾难性故障	$<1\times10^{-9}$	多人死亡,通常飞机完全损坏

为了保证高安全性飞行,在飞机设计中需要采用先进的总体和气动设计技术、先进的结构完整性设计和验证技术、高可靠性的发动机技术和飞机健康监控技术,并将适航审定的技术要求贯穿于客机研制的整个过程。

出于抗坠毁性设计的考虑,民航客机需要采取相应的应对策略:合理布置应急出口,避免在坠撞中可能断裂的区域安排乘客就座,避免在发生事故时其他部件可能突入机身的区域安排乘客就座,等等。在发生事故时,螺旋桨、风扇叶片、发动机短舱和起落架等都有可能突入机身。空难一旦发生,其结果是非常悲惨的(图117)。

图 117　悲惨的空难

▶▶空难的罪魁祸首

一次飞行可以划分为起飞、爬升、巡航、下降和着陆等阶段。以 1.5 小时的飞行航段来说,每个阶段在整个飞行过程中所占的时间比例不同,发生事故的概率也不相同。总的来说,起飞和着陆只占总飞行时间的 6%,但事故概率却是最高的,因此起飞和着陆阶段有"黑色 10 分钟"之称。飞行事故最容易发生在飞机或着陆前后,占总数的 57%;其次出现在飞行航线上,占总数的 33%;出现在飞机起飞时的较少,只占总数的 10%。

除了军事破坏、恐怖劫机等原因外,常见的空难原因还有人为因素、环境因素和飞机质量因素。

分析飞机失事的有关资料表明,人为因素是空难的首要因素,这其中机组原因占一半以上,其次是操纵程序和维修

因素。

环境因素是占第二位的"飞行杀手"。其中，最主要的是恶劣的气候，如大雾、冰雹、雷暴雨和低云等，其他还包括机场的净空条件（周围的地形，是否有山、高楼的阻挡）、鸟类飞行（图118、图119）等。

图118　飞机在起飞、降落过程中遭遇鸟群

图119　飞机撞鸟之后的悲惨结果

在飞机质量因素方面，飞机结构和机械故障也是造成空难的重要因素，尤其在早些年，人们对结构和机械的认识还不够。典型的例子是英国的"彗星"号客机（图120），该客机是世界上最早的全金属民航飞机。1954年初，英国航空公司的"彗星"号客机满载旅客从意大利罗马起飞，在几千米的高空正常飞行时，突然发生飞机结构断裂，飞行员连呼救信

号都来不及发出飞机就坠落了。事隔不到 100 天，又一架"彗星"号客机在飞行中同样出现结构断裂。

图 120　"彗星"号客机

"彗星"号坠落，震动了世界。时任英国首相丘吉尔下令，要不惜一切代价，搞清飞机机体解体的原因。为此，英国海军出动舰队，打捞起残骸，运回英国进行详细研究。专家们对每一块碎片都进行认真的检查，甚至还不惜工本，将整架客机放入水槽中进行模拟试验。最终查明失事原因是制造飞机机体结构的金属产生疲劳，在金属机体表面产生细小的裂纹。在承受的外力不断变化时，裂纹逐步扩展，最终导致飞机解体。金属疲劳是飞机在交替变换的力的作用下出现的一种结构破坏现象。

"彗星"号客机是最早期的全金属飞机，那时金属疲劳对航空安全的威胁尚未引起大家的注意。"彗星"号空难之后，航空界开始重视金属的疲劳问题，并形成了一门学科——结构疲劳学。目前，结构疲劳设计已经成为飞机设计的必要环节。

亮点小知识：神奇的"黑匣子"

飞机发生事故之后，事故调查小组为了揭开飞机失事之谜，首先要找到的就是"黑匣子"（图121）。因为"黑匣子"是一种飞行数据记录仪和机舱话音记录器，可以记录安装在飞机各部位的传感器收集到的各种信息。通过分析"黑匣子"中记录的信息，可以搞清楚在飞机失事瞬间和失事前一段时间的飞行情况、机械设备工作情况、机上人员情况和外界发生了什么等，便于分析失事原因。

图 121 飞机"黑匣子"

此外，"黑匣子"还带有一个紧急定位发射机，该发射机可以连续工作很多天。在飞机失事后，能自动发射特定频率的间歇信号，以帮助调查人员通过接收机跟踪并确定它的位置。例如，1974年一架波音707掉在水深3 000多米的海底，人们就是靠这种定位信号找到它的。

▶▶**致敬英雄飞行员**

尽管有时候空难似乎在所难免，如在起飞不久或即将着陆时因被鸟撞了而导致发动机熄火，或遇到强烈的低空风切变。但有时还是能够凭借机组人员丰富的飞行经验和沉着的表现,挽狂澜于既倒,拯救全体旅客的生命。这些优秀的飞行员就是大家都敬佩和崇拜的英雄飞行员。

2009年1月15日,全美航空公司一架A-320客机从纽约机场起飞后90秒,不幸遭遇鸟群,导致两台发动机熄火,此时飞机飞行高度仅有1 000米。发动机熄火后,机长萨伦伯格三世(图122)临危不惧,成功地驾驶客机避开纽约人口密集的街区,将飞机迫降在距机场不远的哈德逊河上,机上155人全员获救(图123)。全体人员获救后,机长在机舱内来回走了两遍,确认没有落下一个人后,才最后一个离开机舱等待救援。这一事件在世界上引起了巨大的反响,时任纽约州州长称这起无人遇难的"空难"事件为"哈德逊河奇迹"。

图122　英雄飞行员萨伦伯格三世

图123　成功水上迫降后机上旅客出舱等待救援

实际上在无动力的情况下操纵客机在河面降落绝非易事，角度稍有偏差便会令机翼折断，机身扎入河底。萨伦伯格三世出色的驾驶技术不但保住了大家的生命，而且为后续调查保留了证据。

萨伦伯格三世时年57岁，20世纪70年代曾作为战斗机飞行员服役于美国空军，1980年成为全美航空公司飞行员，具有非常丰富的飞行经验，曾多次以调查员身份参与空难调查。他在业余的时候还经常飞滑翔机。

总的来说，严重的飞行事故很少是由单一因素引起的，绝大多数情况下是不安全因素与飞行中出现的问题综合作用，有时再加上一些偶然的巧合。比如说，飞机有小故障，加上飞行时天气不好，机长情绪不稳定，头脑不清醒，地面机场条件较差，这些问题如果单独存在尚不是致命的，但如果同时出现就可能酿成悲剧。

亮点小知识：长大后争当飞行员

要成为飞行员，不但要视力好，还要身体素质好。以战斗机飞行员为例，他们在空中做机动飞行时，身体有时要承受八倍于自身重力的惯性力；还要学习很多的航空理论与实践知识。因此，要想长大后当飞行员，首先要保护好自己的眼睛（不近视），还要经常锻炼身体，并好好学习各门功课。

成为飞行员一般有以下几个途径：

参军入伍：参加空军、海军航空兵、陆军航空兵的飞行员选拔，合格后成为军用飞机和直升机的飞行员。

参加民航飞行员的选拔，合格后成为民航飞行员。

去通用航空学校考取私人飞机的飞行执照，合格后成为小型通用飞机和直升机的飞行员。

▶▶气象影响飞行

在乘坐飞机的过程中，人们时常会遇到航班延误或在空中飞行很颠簸的情况。这些情况往往是由天气引起的。但是民航客机仍被认为是最为安全的交通工具，其出现事故的概率要比其他交通工具都低。确实有不少飞机在飞行时发生了事故，导致飞机发生飞行事故的罪魁祸首往往就是天气。

影响飞行的天气包括以下几种：

雾霾等造成低能见度的情况会影响飞行员的视线，在这种天气条件下飞行风险大。

雷暴和台风天气对飞行的风险影响较大，需要避开。

低空风切变对于起飞和降落以及低空飞行的影响大，需要避开。

结冰气象条件会导致飞机表面结冰，影响飞机的气动性能，在飞行前和飞行过程中出现结冰时，需要及时除冰。

气温和气压也对飞行有影响。在相同海拔情况下，气温

低时空气密度较大,有利于起飞和降落。高海拔机场相比于海平面来说,气压低、空气密度小,不利于起飞和降落。

亮点小知识:火山灰也会影响飞行

　　2010 年 4 月,冰岛火山喷发,火山灰形成黑褐色云团,扩散到数千米外的高空中。这些云团使整个欧洲的航班都陷入混乱,葡萄牙、西班牙、意大利、德国和奥地利等国先后关闭部分机场,导致数万架次航班受到影响。

　　小小的火山灰为何会闯下如此大祸?

　　原来,在火山喷发时,岩浆遭遇冷空气,形成微粒,成为尘埃云的一部分,升入空中。飞机经过尘埃云时,部分微粒会进入喷气发动机,进而影响发动机的工作。火山灰还会给飞机表面的涂层和挡风玻璃造成损害,严重危及飞行安全。

▶▶航天飞行有保障

　　载人航天飞行的次数相对于航空飞行要少得多,从统计学的意义来看,其出现事故的概率要大于航空飞行,但总体来说载人航天飞行的安全性还是有保障的。以宇宙飞船为例,在设计上就为航天员配置了当出现发射故障时还能挽救航天员生命的逃逸救生系统。

　　载人航天发射的实践证明,威胁航天员的故障大多发生在火箭发射阶段。为保障航天员的安全,各国发射载人飞船时大多会在火箭顶端安装避雷针似的尖塔状装置——逃逸救生系统(简称逃逸塔,如图 124 所示)。它承担着一项重要的任务:在火箭发射过程中万一发生危及航天员生命安全的意外紧急情况,能够确保航天员瞬间逃生、安全返回;同时在发射顺利时它还必须进行点火工作脱离箭体,让飞船得以继续飞行。

图 124　逃逸塔及其工作原理

逃逸塔通常不会被启用,但也有逃逸塔发挥作用成功挽救航天员生命的例子。1983 年 9 月 27 日,苏联发射"联盟"T10A 载人飞船时,运载火箭在发射台上爆炸。爆炸前,助推器上的传感器监测到了推进剂管路中有一个阀门失灵,火箭不能正常起飞,地面指挥人员立即向逃逸救生系统发出指令。逃逸塔点火,把飞船从即将爆炸的火箭上牵引到 4 千米以外的地方降落,航天员季托夫和斯特列卡洛夫死里逃生。此时,火箭一声巨响,在发射台上爆炸成一片火海。此前,美国在 1961 年发射载有假人的"水星"3 号飞船时,也由于火箭故障而成功启动逃逸塔。

太空探索是一项系统高度复杂的重大科技工程,常常与失败相伴相随,败而不馁的精神是太空探索的应有之义。

美国的"阿波罗"13号于1970年4月11日发射，原计划5天后登陆月球。但就在发射的56小时后，在从地球飞往月球的途中，飞船指令舱的液氧罐发生爆炸，三名航天员不仅登月无望，而且命悬一线。

爆炸严重损坏了航天器，导致飞船上的氧气只可供应140小时，水只能供应66小时，二氧化碳处理系统只能工作45.3小时，而返回地球却至少需要100小时。

三名航天员凭着高超的专业技能和坚忍不拔的毅力，在地面控制中心的精准指挥下成功返回了地球，创造了航天史上"虽败犹荣"的光辉时刻。他们把原本用于登陆月球的登月舱作为救生艇，在太空中克服电力短缺、温控异常、饮用水短缺和疾病等困难，成功获救。

在航天业内专家眼中，"阿波罗"13号的意义丝毫不亚于甚至胜于成功登月，被世人称为"成功的失败"。

但是，因为载人航天是一项极其复杂的工程，太空探索又充满极大的挑战，因此载人航天也发生过宇航员牺牲的重大飞行事故。自人类开展载人航天活动以来，共有22位宇航员为航天事业献出了生命，还有一些宇航员在训练任务中牺牲。载人航天飞行中最严重的灾难是航天飞机爆炸导致14名宇航员牺牲。

1986年1月28日，"挑战者号"在进行第10次太空任务时，右侧固态火箭推进器上面的一个O形环失效，这导致一连串的连锁反应。在升空后73秒，挑战者号爆炸解体坠毁，机上的 7 名宇航员在该次事故中全部丧生。

这次灾难性事故导致美国的航天飞机飞行计划被冻结了长达 32 个月之久。在此期间,美国时任总统罗纳德·威尔逊·里根委派罗杰斯委员会对该事故进行调查。罗杰斯委员会发现,美国国家航空航天局(NASA)的组织模式与决策过程中的缺陷与错误是导致这次事件的关键因素。NASA 的管理层事前已经知道承包商固体火箭助推器存在潜在的缺陷,但未能提出改进意见,也忽视了工程师对于在低温下进行发射的危险性发出的警告,并且未能充分地将这些技术隐患报告给他们的上级。基于此,罗杰斯委员会向 NASA 提出了 9 项建议,并要求 NASA 在继续航天飞机飞行计划前贯彻这些建议。

2003 年 1 月 16 日,"哥伦比亚"号起飞 80 秒后,从燃料外贮箱上脱落了一块 0.77 千克的泡沫材料,撞上了左翼前端隔热瓦使左翼受损,但当时并没有引起注意,而是继续执行飞行任务。2003 年 2 月 1 日,在重返大气层的阶段"哥伦比亚"号与控制中心失去联系,不久后在得克萨斯州上空爆炸解体,机上 7 名宇航员全数罹难。随后便开展了长达 6 年的事故调查(图 125)。

2011 年 7 月 21 日,"亚特兰蒂斯"号完成了最后一次航天飞机任务,同时也宣告了美国历经 30 年的航天飞机时代的结束,标志着人类探索低成本、可重复载人进入太空的第一次尝试由于飞行安全问题、成本过高而失败。

图 125 "哥伦比亚"号航天飞机事故调查现场

飞向未来

> 生命不足惜，只要中国的飞机能够飞上天，死也值得！
>
> ——冯如

现代航空航天工程的发展仅有百年历史，21世纪的航空航天注定将继续迅猛发展，而航空航天工程技术是最重要的支撑，我们应积极推动航空航天工程技术的进步，并密切关注和获取对航空航天工程发展具有积极作用的相关领域的技术成果，不断把航空航天事业推向新的高度。

▶▶挑战极限的未来飞行器

人类活动空间日益拓展的需要以及无人化、智能化、网络化、变形等新技术的推动，必将产生各式各样的新型飞行器，在更高、更快、更远、更大和更小等方面将会实现新的突破。在大气层内的飞行将进一步提速，飞行的高度边界还将不断被突破，从贴地、大气层内飞行向深空和太空发展；乘坐

飞
向
未
来

超声速客机周游世界，形形色色的个人飞行器将成为流行的代步工具，乘坐太空旅游机遨游太空也将成为现实。

在军事领域，围绕抢占临近空间和太空战略制高点、突破航空航天飞机、加快发展高超声速飞行器与导弹、更新作战飞机及完善作战体系、大规模使用无人机及其系统等重点，也将进一步推进与实施一系列新的航空航天工程项目。

➡➡航空器

❖❖战斗机

目前已经有以 F-22、F-35、J-20 等为代表的第四代战斗机，并已经装备部队。第五代战斗机呼之欲出，其技术指标、无人驾驶还是有人驾驶等还没有定论。图 126 所示为电影中构想的未来无人作战飞机。

图 126　电影中构想的未来无人作战飞机

新一代战斗机也极有可能不是单一的后继机，而代之以"武器簇"的概念与形态，即体系化、多功能化。未来，战斗机与中小型轰炸机的界限将进一步模糊，无人机与有人机的协同、无人机的集群使用将成为实际的作战样式。

✤✤✤ 无人机

无人机由于具有质量轻、尺寸小、成本低、机动性高和隐蔽性好等优点，并适于在高危险区域执行任务，加之不会威胁飞行员的生命安全等，近些年来取得了非常迅猛的发展，这种迅猛发展还将在未来持续。

无人飞行器，特别是察打一体无人机已经进入作战装备的主流序列，也已经在民用领域展示出广阔的使用前景。未来的信息类无人机将向长航时、多功能方向发展；作战类无人机将向高飞行性能和智能化发展，此类无人机实战化的关键是自主控制技术的成熟，也就是使无人飞行器具备对态势做出感知与判断，进而做出适当反应（包括规避、航路重规划、控制、通信和决策等）的自主能力。

无人机系统发展的方向是研究潜在的作战想定，开发和形成在"对抗环境"下无人机的新作战能力，包括蜂群作战（单一无人机无须多人控制，且一个人可同时控制多架无人机），以及空空机动和更强的攻击能力。其中的关键任务是，加快提高无人机及其系统的人工智能与自主性，开发新的计算机算法，使无人机承载更加广泛的功能，如感知、定位、武器校准等。提高无人机平台自主组织、理解和集成各种功能的水平，增强具有自主控制能力的无人机与附近有人驾驶飞机的合作能力；短期内，无人机虽不会发展到像人类大脑一样快速响应，但可提高自主决策水平，具备更多功能，而且无须人工干预。

另外，微型航空器（图 127）也将是未来航空器发展的重要方向。

图 127　荷兰研制的当前全球最小的装备摄像机的
微型航空器（质量只有几克）

❖❖ 商用飞机

新布局高效客机、新一代超声速客机等先进民用航空器将展开更加活跃的研发，在智能化自动驾驶飞行控制系统和新一代无缝空中交通管理系统等方面将取得新突破。

由于具有对通用航空在更大范围广泛应用的需求，新一代公务机、先进民用直升机和各类个人飞行器将会获得更大发展。绿色航空技术将会更受重视。绿色航空是指提高飞机的环保性和舒适性，减少飞机污染物排放和降低噪声，关键是研发低油耗、低排放、低噪声的"绿色发动机"，开发清洁燃料，以及低噪声气动布局设计。图 128、图 129 所示为国外著名飞机研制公司对于未来大型客机的设想。

图128　欧洲空中客车公司对于未来客机透明客舱的构想

图129　美国洛克希德·马丁公司提出的未来超声速大型客机

❖❖高超声速飞行器

人类为了开发外层空间,实现跨洲快速飞行,以及开发新的空间武器,都需要发展高超声速飞行器。"高超声速"泛指超过5倍声速(约6 000千米每小时)的速度,有三种形态:高超声速巡航导弹、高超声速飞机和空天飞机。

高超声速技术涉及高超声速空气动力学、气动/推进一体化、气动热计算、热结构力学分析与优化、高超声速动力、主/被动热管理、热结构健康监测与维修、高超声速飞行器试验技术等。图130所示为美国研制的 X-51A 高超声速飞行器。

图 130 X-51A 高超声速飞行器

空天飞机不同于航天飞机的垂直起飞,其典型技术特征是水平起降,在 30～100 千米高空、速度达 12～25 马赫时,可直接进入近地球轨道,成为航天飞行器;在完成使命、返回大气层后,又能像飞机一样,水平着陆,可多次重复使用。美国研制的 X-37B(图 131)自 2010 年到 2022 年已完成六次航空航天飞行,其中第六次在轨飞行时间长达 908 天,此后还在不断开展飞行试验,虽然它仍用火箭搭载起飞,还不是真正意义上的空天飞机,但仍被称为"迷你空天飞机",需引起高度关注。

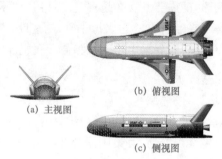

(b) 俯视图

(a) 主视图

(c) 侧视图

图 131 X-37B"迷你空天飞机"

空天飞机的主要技术挑战是组合动力和防热结构。设想中的空天飞机动力拟采用二元组合动力，一般采用超声速燃烧冲压发动机＋火箭发动机，或涡轮喷气发动机＋冲压喷气发动机＋火箭发动机的组合动力方式。

空天飞机作为航天运载工具和太空兵器等，在军、民两个方面都有巨大的使用前景。在民用领域的主要应用目标是增加任务选择，形成常规的进入空间的能力，提供低成本的空间飞行器服务，使太空物资的运送成本从现在的数千美元每千克降低到数十美元每千克，作业准备周期缩短到 12 小时以内。

➡➡航天器

✦✦卫星

小型/微型化、网络化、融合化是卫星的主要发展趋势。

小型化/微型化。随着微纳技术及微电子机械系统技术的迅猛发展，卫星正朝着集成度高、体积小、质量轻、费用低等方向发展。纳型/皮型卫星技术处于微纳技术及卫星技术发展趋势的最前沿。纳型卫星（Nano Satellite）通常指质量小于 10 千克、具有实际使用功能的卫星，皮型卫星（Pico Satellite）是指质量为千克级的微小卫星。相对于较大卫星，成本低廉、制造和发射周期短、应急反应快是皮型卫星的最大优势。

网络化。数字地球即把整个地球信息化，构成既有空间

飞向未来

维度、又有时间维度的全球信息模型。这需要由多颗卫星构成天基综合信息网。

融合化。未来卫星系统的应用会和地面系统和空中系统进行融合，同时各个卫星系统也会相互融合，如通信卫星与导航卫星融合，可以使卫星系统发挥出立体化的功能。

✥✥空间探测器

彗星和小行星探测将成为新宠。小天体的探测将逐步受到重视，彗星和小行星也逐渐成了空间探测的重要方向。

对太阳的探测活动仍然是持续发展的目标，火星和金星之外的大行星及其卫星的探测活动任重道远。

深空探测方式也在发生变化。对同一探测对象采取多种形式交替进行探测，在一次任务中采用多种手段进行综合探测，并且采取科学探测和技术验证相辅相成的办法。

➡➡火箭与导弹

✥✥运载火箭

运载火箭的水平和能力，决定了一个国家航天活动的规模和水平。为此，世界各个航天大国都将继续发展航天运载技术作为保持其领先地位的战略部署之一，一些发展中国家也将发展航天运载技术作为提高其综合国力的重要手段。未来火箭技术的发展大致有五个方向：

满足日益增大的运载能力要求，用于发射更大的军民用有效载荷。

增强可靠性,提高发射成功率,并减少对环境的污染,使用无毒推进剂。

发展可重复使用的运载工具,目前此研究方向是热点方向,并已取得了引人注目的成果。

受小卫星发射需求的牵引,各国正积极发展新一代经济、灵活的小型运载火箭。

发展新型推进技术的火箭,如光子火箭、核火箭等。

✤✤✤ 导弹

导弹技术水平已成为衡量一个国家军事实力的重要标志之一。可以预见,未来导弹的发展还是各国科学技术的大比拼。

战略导弹将更加关注:

高隐蔽性发射方式。如潜射方式隐蔽性强,威胁巨大。

缩短准备与发射时间。准备与发射时间缩短,可以提高战术攻击的效率,提高其打击能力。

增强突防、生存与反击能力。采用弹头打击时机灵活和电子战等技术,提高突防能力。发展发射方式多样化和分散配置导弹阵地等方式,提高生存和反击能力。

战术导弹将更加关注:

精确制导向超远程、隐形、智能化方向发展。

提高快速反应能力，以适应现代战争突发性和快速性的需要。

提高地面系统的自动化水平，缩短发射准备时间，提高快速机动能力。

➡➡临近空间飞行器

临近空间是对距离地面20～100千米空间范围的称谓，既不属于传统的航空范围，也不属于传统的航天范围，是一个"航空航天过渡区"。临近空间利用的目标是，实现持久性区域驻留和远程高速机动到达等特色飞行，从而在遥测、遥感、通信、广播电视、气象观测、情报侦察、远程快速投送以及远程快速精确打击等方面形成新的应用能力。临近空间飞行器将传统航空空间和航天空间连成一体，是极具发展前景的一类新型飞行器。临近空间飞艇和临近空间长航时飞行器分别如图132和图133所示。

图132　临近空间飞艇

活动于临近空间上层的固定翼飞行器，可以归入航空航天飞行器范畴，此种临近空间飞行器具有如下特征：最大飞行高度为40～100千米,速度可达到高超声速的下限(5.0马赫),多采用"乘波"外形设计,采用复合动力或组合动力,能够像飞机一样自主水平着陆,并可重复使用。

图133　临近空间长航时飞行器

▶▶航空航天专业与人才培养

➡➡航空航天教育发展

航空航天事业的发展关键在于人才,人才的培养离不开教育。人类发明飞机后不久就开始设置航空专业,逐渐形成了完善的专业设置和人才培养体系。

✤✤航空航天工程教育的基本含义

首先让我们从"教育"说起。教育就是教书育人,是通过有目的、有计划、有组织地对受教育者的心智发展进行教化培育,传授知识、能力与价值观,以提高受教育者综合素质的实践活动。

"工程教育(Engineering Education)"则是以工程需要为牵引,以工程思维为工具,将工程的科学基础与所需技术传

授给受教育者的过程。工程教育强调系统性、动态性、持续性，工程教育旨在"授人以渔"，而非"授人以鱼"。

"航空航天工程教育（Aerospace Engineering Education)"是"工程教育"中的一个门类，特指以航空航天事业发展的需要为牵引，以航空航天工程的全部内容为框架，系统开展航空航天工程所需科学技术与管理知识、技能、工具与方法的全部教育活动。

❖❖❖航空航天工程教育的基本责任

航空航天事业的发展深刻改变了世界的面貌，对政治、经济、军事以及人类社会生活都产生了广泛而深远的影响，其作用已远远超出科学技术范畴。航空事业的发展改变了交通运输的结构，极大地加快了社会经济生活的节奏，消除和缩短了地理的阻隔，拉近人与人之间的距离。航天技术与事业的发展更扩展了人类的活动空间，它与其他科学技术的结合开创出许多新的用途，正在产生巨大的社会效益。

在航空航天事业发展的进程中，航空航天工程教育也在不断发展进步，它既是航空航天事业的基本组成部分，也是航空航天事业得以发展的重要基础。航空航天工程教育在为航空航天事业发展输送大量工程技术人才的同时，也以日益活跃的基础与前沿研究为航空航天事业提供了大量的科研成果支持，发挥了至关重要的作用。

目前，航空航天工程教育的基本责任是，为航空航天事业培养具有坚实的理论基础、广博的专业知识、良好的综合能力和富有创新意识的高素质人才。在履行这一职责的过程中,航空航天工程教育不断丰富教学内容,创新教学方法,使学生掌握适用的知识,具备自主和终生学习的能力,并积极参与先进科学技术和工程方法的研究,在实践中有所创造和突破,既提高自身的航空航天工程综合能力,又为航空航天事业做出直接贡献。

❖❖ 航空航天工程教育的发展

20世纪初,在科学技术比较发达的国家已经开始出现航空航天工程相关教育。飞机的问世,促进了航空教育的发展。1908年,美国洛杉矶高等工程学校教师 H. L. 特温宁在物理课中首次讲授飞机原理。随后,美国密歇根大学工学院和麻省理工学院先后开设了航空学课程。俄国(苏联)于1910年至1930年期间先后创办俄国海军航空学校、茹科夫斯基空军工程学院和莫斯科奥尔忠尼启则航空学院。第二次世界大战前,英、法、德、意、日等国都建立了比较完整的航空教育体系。

第二次世界大战期间,雷达、火箭和喷气飞机的出现,进一步促进了航空教育的发展,并扩展到航天教育领域。其后,由于导弹和火箭技术的重大发展及其在战争中发挥的重要作用,航天教育更加受到重视。美国国会于1958年颁布国防教育法,对初、高等教育进行了一系列改革,其中就包含加强航空航天教育的内容。

世界各国的航空航天教育院校培养出大批优秀的航空航天科学家和工程师,这些航空航天人才进一步加速了航空

航天工程的推进和相关产品的研发，同时也反过来促进了航空航天教育自身的发展。现代航空航天教育与早期相比，在内容上有了很大的变化，原来设置的课程不断更新，原来教授的技术不断被更加先进的技术所取代，新兴交叉学科的课程逐渐增设。为了进一步培养航空航天人才，各国的教育部门、军队、民航部门兴办了各种类型的学校。各国的高级航空航天技术人员都是在高等院校里培养的，但做法不尽相同。

美国在包括麻省理工学院、加利福尼亚理工学院、斯坦福大学、密歇根大学、普渡大学、马里兰大学和俄亥俄州立大学等大学的工学院内设立航空航天工程系，学制为 4 年。苏联设有独立的航空院校，如莫斯科奥尔忠尼启则航空学院、哈尔科夫茹科夫斯基航空学院、喀山图波列夫航空学院等，学制为 5～6 年；航空航天专业学科的建设也比较齐全。其他各国重要的航空航天高等院校或院系有：英国的伦敦大学帝国理工学院、布里斯托尔大学、南安普敦大学、格拉斯哥大学、克兰菲尔德大学等，德国的亚琛工业大学、柏林工业大学、斯图加特大学，加拿大的多伦多大学，法国的国立高等航空宇航学校、马赛大学流体力学学院、国立高等航空制造工程师学校，日本的京都大学工学部航空工学科、成田航空大学，意大利的罗马大学航空工程学院和瑞典的皇家理工学院航空学院等。除少数是独立的航空航天院校外，多数是开设有航空航天院系，与美国的情况相似。

我国的航空教育始于 1913 年，航天教育是从 20 世纪 50

年代逐步发展起来的。1913年,北洋政府在北京建立南苑航空学校。1914年,孙中山在日本筹建中华革命党航空学校。1918年,在福建马尾开办飞潜学校,并在其中设立飞机制造科,此后还成立了中央航空学校和空军机械学校(原名航空机械学校),主要培养飞行人员和飞机维修的技术人员。从20世纪30年代起,不少高等学校开设航空课程。1930年,中央大学在机械系设飞机工程选修课。1934年,清华大学与航空委员会合作开设航空讲座。1939年前后,中央大学、北洋大学、交通大学、浙江大学、厦门大学、云南大学、四川大学和西北工学院相继成立航空工程系;清华大学正式开始招收航空工程研究生。

中华人民共和国成立后,航空航天教育有了新的发展。1952年原有八所高等院校航空工程系经过全面调整,组建北京航空学院(今北京航空航天大学)。1956年,南京航空工业专科学校改建为南京航空学院(今南京航空航天大学)。1957年,西安航空学院(原华东航空学院)与西北工学院合并成立西北工业大学。1959年,哈尔滨工业大学增设航空工程系。1970年,原中国人民解放军军事工程学院的航空工程系并入西北工业大学。20世纪50年代后期和60年代,北京航空学院、西北工业大学、南京航空学院、哈尔滨工业大学等增设航天课程,或建立专门的系和专业。由此,构成以飞机设计、空气动力学、飞行力学、结构力学、导弹设计、航空发动机、固体和液体火箭推进、飞行器控制、通信、雷达、导航、电器、仪表、发射、材料、冷热加工工艺、电子计算机和系

统工程等院系/专业为主体、学制 4～5 年的航空航天高等教育体系。

进入 21 世纪，随着我国航空航天事业的蓬勃发展，国内多所名牌大学也开始建设航空航天院系和专业。如清华大学、浙江大学、大连理工大学、厦门大学等。传统的航空航天特色大学和这些名牌大学在航空航天人才培养方面的努力，不仅为我国航空航天事业培养了大批高级工程技术人员，同时也承担和完成了大量航空航天科学研究任务，做出了重要贡献。

➡➡**航空航天学科与专业设置**

航空航天事业的发展是 20 世纪以来人类科学技术飞跃进步、社会生产突飞猛进的结果。在航空航天事业发展的历程中，一些著名的重大工程有力地推动了人类航空航天事业的发展。例如苏联的"东方一号"载人航天工程，美国的"阿波罗"登月工程，欧洲的"伽利略"工程，中国的载人航天工程、"嫦娥工程"等。航空航天工程的建设成果集中了科学技术发展的众多新突破，也离不开诸多相关专业学科的发展与进步，更离不开世界各国各地区高等院校对航空航天技术人才的教育与培养。

航空航天是工程性极强的行业，集合了诸多先进与尖端技术，涉及机械、电子、光学、信息科学、计算机技术和材料科学等广泛领域，依赖于多学科背景知识的支撑，是一个极其庞大、复杂、综合的巨系统工程。

航空航天技术原理源自经典的牛顿力学定律、开普勒定律、空气动力学等，因此各国高等院校航空航天教育的专业设置和课程设置，首先都高度重视基础科学的学习与传播。在这一点上，各国认识相同，教学方法也基本一致。在充分的、高质量的科学教育的基础上，根据不同学科的目标要求，进行工程技术的系统性教育。

学科和专业在我国是不一样的。学科代表一个学校的综合实力，包含师资队伍、人才培养、科学研究、学术声誉等重要方面，我国开展的"双一流"学科建设就是指针对一流大学、一流学科的建设，学科面向研究生招生与教学。一般来说，专业只针对本科生的招生与教学。

❖❖航空宇航科学与技术学科

我国航空航天方面的一级学科称为航空宇航科学与技术，传统下设四个二级学科：飞行器设计、航空宇航推进理论与工程、航空宇航制造与工程、人机与环境工程（表4）。另外，各学校根据自己的特点可以申请自主设置二级学科。在《国家中长期科技发展规划纲要（2006－2020年）》的发展目标中提出，生物、材料和航天等领域的前沿技术达到世界先进水平，大型飞机、载人航天与探月工程被列入16个重大专项，显示出国家对于航空航天事业发展的高度重视，也给航空航天高校建设提出新挑战，带来巨大机遇。

航空宇航科学与技术学科有如下特点：

强调基础训练，注重基础理论、基本科学知识的学习。

飞向未来

强调科学与技术的融合,把航空航天所需的技术纳入专业设置,并日益占据更高的位置与分量。

重视科学逻辑与技术思维的培养与训练,强调教学与科学技术研究相结合,注重以工程思维与开展工程实践来培养和锻炼学生的相关能力。

重视研究生培养,建设专门的培养体系,培养更高层次的航空航天专门人才。

随着航空航天科学技术的迅速发展,以及交叉、融合新学科的兴起,航空航天的教学内容也日益丰富,不断提出与时俱进的新要求,出现如航天医学、航天生物学和航天工艺学等新专业。

需要说明的是,这些学科名称及内容,虽然有较大的稳定性,但其内容随科学研究与工程实践在不断发展,其总量与名称也有扩展和改变的可能。航空航天专业正在朝着更加完善与丰富的方向发展。

表 4　航空宇航科学与技术(0825)

一级学科下设四个二级学科

二级学科	要求
飞行器设计 (082501)	专注于飞行器的总体设计,包括气动外形和结构设计等
航空宇航推进理论与工程 (082502)	聚焦于飞行器动力装置和动力装置控制系统,包括航空发动机、航天发动机的研制,航天燃料研制等

二级学科	要求
航空宇航制造与工程 （082503）	聚焦于"制造"，包括飞行器的零件加工与成型工艺、装配工艺等研究
人机与环境工程 （082504）	聚焦于航空航天环境模拟与控制系统设计、航空航天生理和生命保障

❖❖❖航空航天类专业

根据教育部高等教育司颁布的《普通高等学校本科专业目录（2020年）》以及2021年新增本科专业的情况，在航空航天类本科专业下设有航空航天工程、飞行器设计与工程、飞行器制造工程、飞行器动力工程、飞行器环境与生命保障工程5个传统专业，还设置有飞行器质量与可靠性、飞行器适航技术、飞行器控制与信息工程、无人驾驶航空器系统工程、智能飞行器技术5个特色专业。航空航天专业的课程设置见表5。上述专业均没有对学生身体条件的要求与限制。

表5 航空航天专业的课程设置

专业名称	培养目标	课程设置
航空航天工程 （082001）	培养具有扎实的数学、物理、力学、计算机等基础理论，掌握航空航天领域的多学科知识，具有良好的综合能力和创新意识的高级人才	飞行器总体技术、飞行力学、飞行器气动与结构技术、飞行控制原理、飞行器动力装置原理与控制、飞行器制造技术等，以及课程的配套实验、设计或编程计算训练等

（续表）

专业名称	培养目标	课程设置
飞行器设计与工程（082002）	培养掌握航空航天飞行器设计相关专业知识，具有一定技术创新、工程实践能力和管理能力的高级工程技术人才和管理人才	飞行器总体设计、飞行器气动设计、飞行力学、飞行器结构设计、飞行器制导与控制、航天器姿态与轨道动力学、飞行器制造技术、飞行器设计与制作实践等，以及课程的配套实验、设计或编程计算训练等
飞行器制造工程（082003）	培养从事飞行器制造领域内的设计、制造、研究、开发与管理的高级工程技术和管理人才	飞行器零件加工与成型工艺、飞行器装配工艺、飞行器数字化制造与装配、飞行器特种加工、复合材料加工与检测等，以及课程配套实验、设计或编程计算训练等
飞行器动力工程（082004）	培养具有良好数学基础知识、力学基础知识、飞行器动力工程基本理论，掌握发动机总体设计、结构设计、控制设计与试验能力的高素质工程技术人才	飞行器动力装置原理、飞行器动力装置气动与结构设计、飞行器动力装置燃烧理论、飞行器动力装置控制与监控、飞行器动力装置原理实验与测试等，以及课程配套实验、设计或编程计算训练等
飞行器环境与生命保障工程（082005）	培养具备飞行器环境控制、生命保障等方面的知识与设计研究能力，能在航空航天领域从事环境控制系统、生命保障系统的设计研究，能在民用领域从事热能利用、空调、供暖等方面工作的工程技术人才	航空航天环境工程、航空航天环境控制技术、人机工效学、航空航天安全工程、空天生命保障与救生技术、航空航天环境控制实验等，以及课程配套实验、设计和编程计算训练等

专业名称	培养目标	课程设置
飞行器质量与可靠性（082006T）	培养能运用系统工程的理论和方法，掌握产品可靠性、维修性、测试性、保障性、安全性设计与试验（验证）技术的高层次、综合性、复合型高级工程技术人才	质量工程技术基础、系统可靠性设计与分析、软件可靠性与质量保证、元器件可靠性与质量保证、可靠性试验技术、产品环境工程技术、飞行器适航性/安全性分析、环境与可靠性实验等，以及课程配套实验、设计或编程计算训练等等
飞行器适航技术（082007T）	培养具有扎实的基础理论知识和工程实践能力，掌握航空专业知识、适航法规、适航验证与审定技术以及适航工程管理等理论和工程实践能力的高级技术人才	航空航天安全理论基础、适航概论、适航管理、飞行力学、发动机原理与安全性、飞行器结构适航、飞行器总体技术与系统安全等，以及课程配套实验、设计或编程计算训练等
飞行器控制与信息工程（082008T）	培养基础扎实、专业能力强，具有飞行器系统设计基本理论和工程应用知识，能从事飞行器系统设计等行业，并能从事相关机械、电子、信息等行业的工作，有社会责任感和国际视野、德智体美全面发展的高素质工程技术人员和研究人员	空气动力学、飞行器结构、自动控制原理、雷达原理、导航原理、现代控制理论、卫星导航原理与应用、视觉导航原理、飞行器控制系统设计、飞行仿真原理、空中交通管理基础、航空电子设备等

专业名称	培养目标	课程设置
无人驾驶航空器系统工程（082009T）	培养能系统掌握无人机的系统结构和工作原理、系统设计和研发、系统操控与组装调试等专业知识和应用技能，能够从事无人机的产品设计、研发、应用和管理等相关工作的高素质技术技能型人才	航空工程材料与成型工艺、飞行原理与空气动力学、无人驾驶航空器系统导论、机载雷达与通信导航、无人驾驶航空器系统总体设计、无人驾驶航空器系统组装与调试、无人驾驶航空器系统维护与维修、无人驾驶航空器系统设计开发与应用、无人机仿真模拟器飞行训练等
智能飞行器技术（082010T）	该专业是2021年我国普通高等学校开设的本科专业，目的是适应人工智能技术的发展，聚焦人工智能技术和飞行器技术的融合	飞行器总体设计、飞行力学、飞行控制原理等，人工智能等

此外，在交通运输类还设置有飞行技术专业（081805K），培养能在民用航空公司从事民航航线飞行的飞行员，并且符合国际民航航线运输机驾驶员执照标准和营运管理的高级飞行技术人才。该专业需要较高的身体素质，需要通过严格的体检。

国家各级行政部门及教育部多年来没有对本科专业进行过全国排名。

航空航天不同专业所讲授的专业知识包括该专业领域核心知识内容和专业的发展历史与现状，旨在培养学生将所学的专业知识应用于复杂航空航天系统的能力，使其具有设计、计算、工程实现和研究的能力。各专业的专业课程需覆盖全部或大部分表 5 中相应专业课程核心知识内容。

除专门或主要用于航空航天事业的专业门类外，许多基础与共性专业，如材料科学与新材料制备、电子信息工程、机电控制、计算机科学、可靠性技术、仪器科学等专业都与空天工程密切相关，且展现出航空航天特需的内容与特点，事实上也正在成为航空航天的所属或密切相关专业。

➡➡**空天工程从业者的使命**

我国航空航天事业从 20 世纪 50 年代起步，经历从无到有、从仿制到自主研制的艰辛历程，已在总体上进入从跟跑到并跑的转变中，逐步形成了今天航空航天各项事业大发展、工程与科技成果不断涌现的局面。进入 21 世纪以来，特别是在中国经济总量跃居世界第二以来，我国的航空航天事业更呈现井喷式发展，并正孕育着更大更多的工程项目，将迎来空天产业的扩张发展期。

航空航天是国家支柱行业，是体现国家意志的核心产业和领域，代表着国家的强弱和综合实力。多年来，航空航天类的学生毕业后主要进入五大航空航天国有企业（中国航空工业集团有限公司、中国商用飞机有限责任公司、中国航空发动机集团有限公司、中国航天科技集团有限公司、中国航天科工集团有限公司），为国家航空航天事业发展做出过卓越贡献，这五大企业也是我国实现航空强国、航天强国的主

飞向未来

力军。

我国空天事业的新历史使命，主要表现在如下几个方面：

为国防建设提供先进适用的航空航天装备，建设强大的现代化陆军、海军、空军、火箭军和战略支援部队，强国强军。

大力开展民航客机的研制，将民用飞机（Airbus＋Boeing）统领天下的世界格局改写为"A＋B＋China"三足鼎立的格局。

奋力突破航空发动机的瓶颈与制约，早日走出我国航空发动机落后和缺失、受国外制约的困境。

迎接通用航空事业大发展的春天，进一步加快通航发展的国家行为体系与制度建设，加强低空空域管理改革，加大通航机场与基础设施建设，加速通航产品研发生产供应，提升管理与服务保障能力。

参考文献

[1] 贾玉红. 航空航天概论[M]. 北京:北京航空航天大学出版社,2017.

[2] 石磊. 天河行舟:载人航天器的今生来世[M]. 北京:北京航空航天大学出版社,2016.

[3] 赵少奎. 导弹与航天技术导论[M]. 北京:中国宇航出版社,2008.

[4] 宋笔锋. 航空航天技术概论[M]. 北京:国防工业出版社,2006.

[5] 金永德. 导弹与航天技术概论[M]. 哈尔滨:哈尔滨工业大学出版社,2002.

[6] 褚桂柏. 航天技术概论[M]. 北京:中国宇航出版社,2002.

[7] 杨炳渊. 航天技术导论[M]. 北京:中国宇航出版社,2009.

[8] 刘家骓,李晓敏,郭桂萍. 航天技术概论[M]. 北京:北京航空航天大学出版社,2014.

[9] 郑晓虹,余英. 航天概论[M]. 北京:人民邮电出版社,2013.

[10] 刘登锐. 百年航天[M]. 北京:化学工业出版社,2015.

[11] 龚钴尔. 航天简史[M]. 天津:天津科学技术出版社,2012.

[12] 李彬. 航天科技知识.[M] 北京:科学普及出版社,2010.

[13] 胡其正,杨芳. 宇航概论[M]. 北京:中国科学技术出版社,2010.

[14] 张聚恩,万志强. 空天工程通识[M]. 北京:北京航空航天大学出版社,2020.

[15] 万志强,朱斯岩. 认识航空[M]. 北京:化学工业出版社,2013.

[16] 万志强,易楠,章异赢,等. 问天神器[M]. 北京:化学工业出版社,2018.

[17] 万志强. 航空模型:万博士的航空讲堂[J]. 北京:航空知识编辑部,2013.

"走进大学"丛书书目

什么是自动化？	王　伟	大连理工大学控制科学与工程学院教授 国家杰出青年科学基金获得者（主审）
	王宏伟	大连理工大学控制科学与工程学院教授
	王　东	大连理工大学控制科学与工程学院教授
	夏　浩	大连理工大学控制科学与工程学院院长、教授
什么是计算机？	嵩　天	北京理工大学网络空间安全学院副院长、教授
什么是土木工程？		
	李宏男	大连理工大学土木工程学院教授 国家杰出青年科学基金获得者
什么是水利？	张　弛	大连理工大学建设工程学部部长、教授 国家杰出青年科学基金获得者
什么是化学工程？		
	贺高红	大连理工大学化工学院教授 国家杰出青年科学基金获得者
	李祥村	大连理工大学化工学院副教授
什么是矿业？	万志军	中国矿业大学矿业工程学院副院长、教授 入选教育部"新世纪优秀人才支持计划"
什么是纺织？	伏广伟	中国纺织工程学会理事长（作序）
	郑来久	大连工业大学纺织与材料工程学院二级教授
什么是轻工？	石　碧	中国工程院院士 四川大学轻纺与食品学院教授（作序）
	平清伟	大连工业大学轻工与化学工程学院教授
什么是海洋工程？		
	柳淑学	大连理工大学水利工程学院研究员 入选教育部"新世纪优秀人才支持计划"
	李金宣	大连理工大学水利工程学院副教授
什么是航空航天？		
	万志强	北京航空航天大学航空科学与工程学院副院长、教授
	杨　超	北京航空航天大学航空科学与工程学院教授 入选教育部"新世纪优秀人才支持计划"
什么是生物医学工程？		
	万遂人	东南大学生物科学与医学工程学院教授 中国生物医学工程学会副理事长（作序）
	邱天爽	大连理工大学生物医学工程学院教授
	刘　蓉	大连理工大学生物医学工程学院副教授
	齐莉萍	大连理工大学生物医学工程学院副教授

什么是食品科学与工程？

　　　　　朱蓓薇　中国工程院院士

　　　　　　　　　大连工业大学食品学院教授

什么是建筑？　齐　康　中国科学院院士

　　　　　　　　　东南大学建筑研究所所长、教授（作序）

　　　　　唐　建　大连理工大学建筑与艺术学院院长、教授

什么是生物工程？贾凌云　大连理工大学生物工程学院院长、教授

　　　　　　　　　入选教育部"新世纪优秀人才支持计划"

　　　　　袁文杰　大连理工大学生物工程学院副院长、副教授

什么是哲学？　林德宏　南京大学哲学系教授

　　　　　　　　　南京大学人文社会科学荣誉资深教授

　　　　　刘　鹏　南京大学哲学系副主任、副教授

什么是经济学？原毅军　大连理工大学经济管理学院教授

什么是社会学？张建明　中国人民大学党委原常务副书记、教授（作序）

　　　　　陈劲松　中国人民大学社会与人口学院教授

　　　　　仲婧然　中国人民大学社会与人口学院博士研究生

　　　　　陈含章　中国人民大学社会与人口学院硕士研究生

什么是民族学？南文渊　大连民族大学东北少数民族研究院教授

什么是公安学？靳高风　中国人民公安大学犯罪学学院院长、教授

　　　　　李姝音　中国人民公安大学犯罪学学院副教授

什么是法学？　陈柏峰　中南财经政法大学法学院院长、教授

　　　　　　　　　第九届"全国杰出青年法学家"

什么是教育学？孙阳春　大连理工大学高等教育研究院教授

　　　　　林　杰　大连理工大学高等教育研究院副教授

什么是体育学？于素梅　中国教育科学研究院体卫艺教育研究所副所长、研究员

　　　　　王昌友　怀化学院体育与健康学院副教授

什么是心理学？李　焰　清华大学学生心理发展指导中心主任、教授（主审）

　　　　　于　晶　曾任辽宁师范大学教育学院教授

什么是中国语言文学？

　　　　　赵小琪　广东培正学院人文学院特聘教授

　　　　　　　　　武汉大学文学院教授

　　　　　谭元亨　华南理工大学新闻与传播学院二级教授

什么是历史学？张耕华　华东师范大学历史学系教授

什么是林学？　张凌云　北京林业大学林学院教授

　　　　　张新娜　北京林业大学林学院副教授

什么是动物医学？ 陈启军　沈阳农业大学校长、教授
　　　　　　　　　　国家杰出青年科学基金获得者
　　　　　　　　　　"新世纪百千万人才工程"国家级人选
　　　　　　　高维凡　曾任沈阳农业大学动物科学与医学学院副教授
　　　　　　　吴长德　沈阳农业大学动物科学与医学学院教授
　　　　　　　姜　宁　沈阳农业大学动物科学与医学学院教授
什么是农学？　陈温福　中国工程院院士
　　　　　　　　　　沈阳农业大学农学院教授（主审）
　　　　　　　于海秋　沈阳农业大学农学院院长、教授
　　　　　　　周宇飞　沈阳农业大学农学院副教授
　　　　　　　徐正进　沈阳农业大学农学院教授
什么是医学？　任守双　哈尔滨医科大学马克思主义学院教授
什么是中医学？　贾春华　北京中医药大学中医学院教授
　　　　　　　李　湛　北京中医药大学岐黄国医班（九年制）博士研究生
什么是公共卫生与预防医学？
　　　　　　　刘剑君　中国疾病预防控制中心副主任、研究生院执行院长
　　　　　　　刘　珏　北京大学公共卫生学院研究员
　　　　　　　么鸿雁　中国疾病预防控制中心研究员
　　　　　　　张　晖　全国科学技术名词审定委员会事务中心副主任
什么是药学？　尤启冬　中国药科大学药学院教授
　　　　　　　郭小可　中国药科大学药学院副教授
什么是护理学？　姜安丽　海军军医大学护理学院教授
　　　　　　　周兰姝　海军军医大学护理学院教授
　　　　　　　刘　霖　海军军医大学护理学院副教授
什么是管理学？　齐丽云　大连理工大学经济管理学院副教授
　　　　　　　汪克夷　大连理工大学经济管理学院教授
什么是图书情报与档案管理？
　　　　　　　李　刚　南京大学信息管理学院教授
什么是电子商务？　李　琪　西安交通大学经济与金融学院二级教授
　　　　　　　彭丽芳　厦门大学管理学院教授
什么是工业工程？　郑　力　清华大学副校长、教授（作序）
　　　　　　　周德群　南京航空航天大学经济与管理学院院长、二级教授
　　　　　　　欧阳林寒　南京航空航天大学经济与管理学院研究员
什么是艺术学？　梁　玖　北京师范大学艺术与传媒学院教授
什么是戏剧与影视学？
　　　　　　　梁振华　北京师范大学文学院教授、影视编剧、制片人
什么是设计学？　李砚祖　清华大学美术学院教授
　　　　　　　朱怡芳　中国艺术研究院副研究员